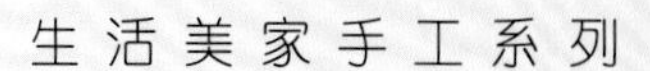

方形&圆形&花形毛线坐垫编织方法大集合

钩编日系花朵坐垫

[日] E&G创意／编著　方菁／译

中国纺织出版社

Contents 目录

康乃馨花形坐垫

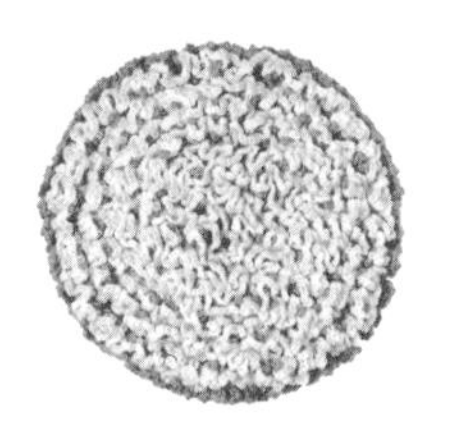
A ...p.32

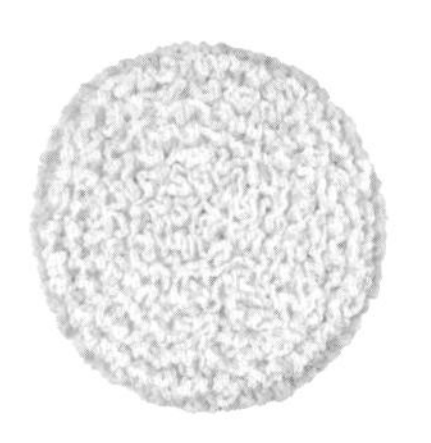
B ...p.33

银莲花花形坐垫

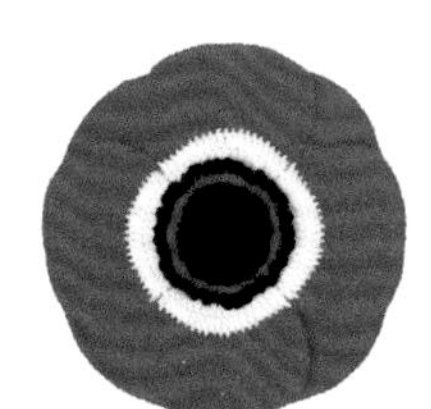
A ...p.36,37

B ...p.37

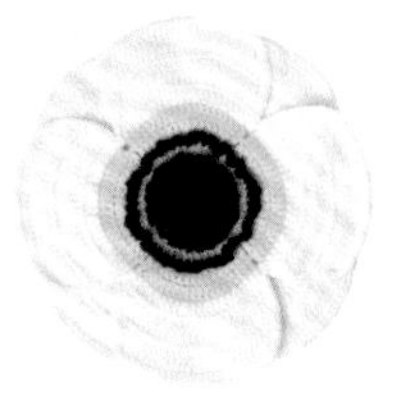
C ...p.37

樱草花形坐垫

A ...p.40

B ...p.41

C ...p.41

毛绒绒动物圆形坐垫

A 猫 ...p.44

B 熊 ...p.44

C 刺猬 ...p.45

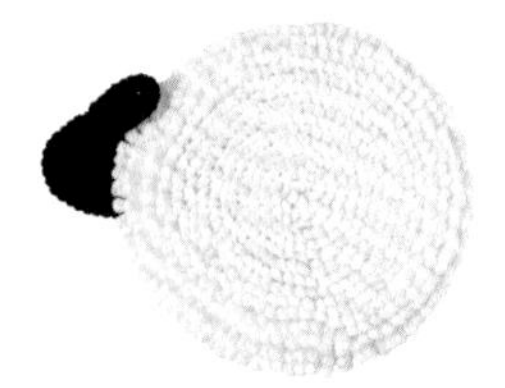
D 绵羊 ...p.45

阿兰花样方形坐垫

A ...p.48

B ...p.49

玫瑰图案方形坐垫

A ...p.52

B ...p.52

驯鹿和老鹰图案方形坐垫

p.53

p.53

basic lesson 基础课程

短针连接织片

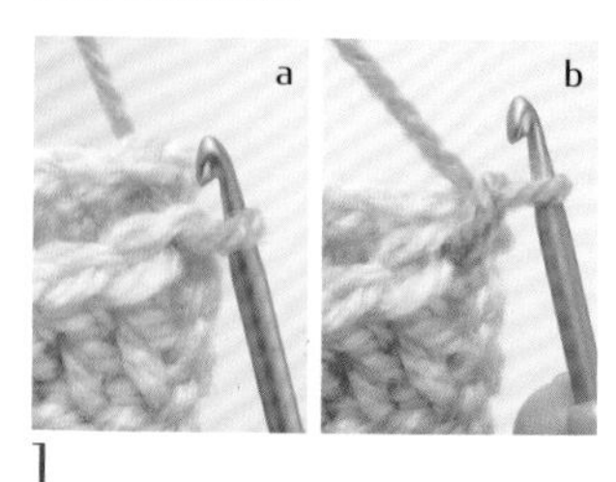

1

将2个织片正面对齐，在一端的针圈中入针，挂线引出，再次挂线(a)。钩1针立起的锁针(b)。在同一个针圈钩1针短针。

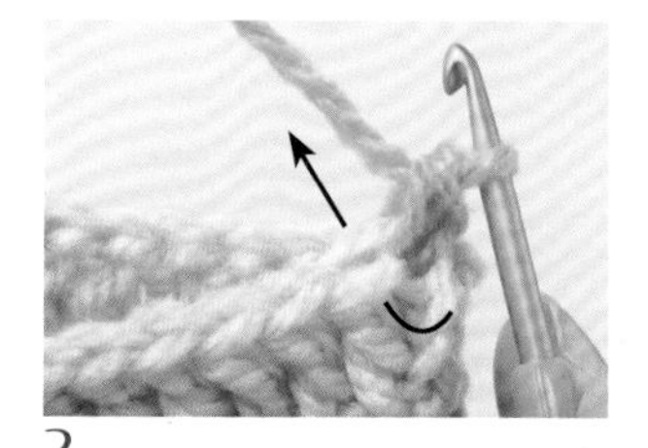

2

此时为钩完1针短针的状态。在相对织片同一位置的针圈中按照箭头所示方向入针。

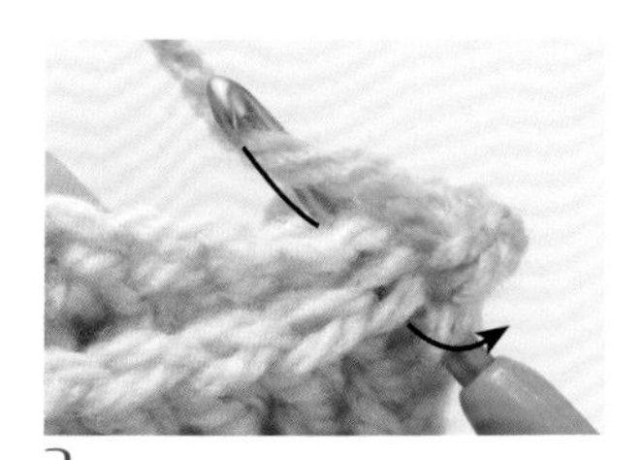

3

针上挂线引出，再次挂线，将2个线圈一次性引拔。

4

重复步骤2~3，逐针钩织短针将织片连接。

point lesson 重点课程

毛绒绒动物圆形坐垫 A · B · C · D

作品展示 & 制作方法…p.44,45&p.46,47

主体的钩织方法

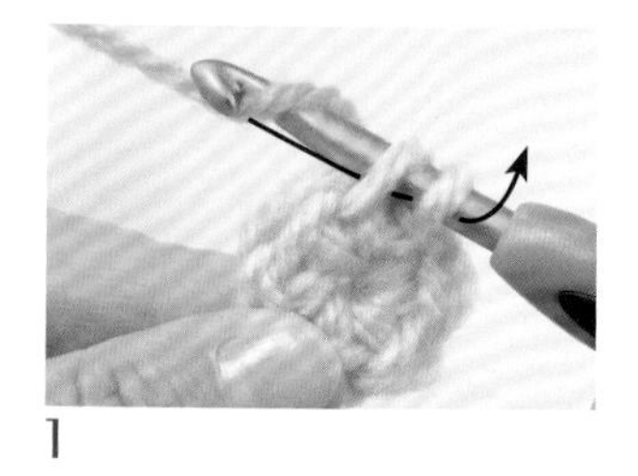

1

线绕圆环起针，钩6针短针，然后在第1针内侧的半针处入针，将2个线圈一起引拔。

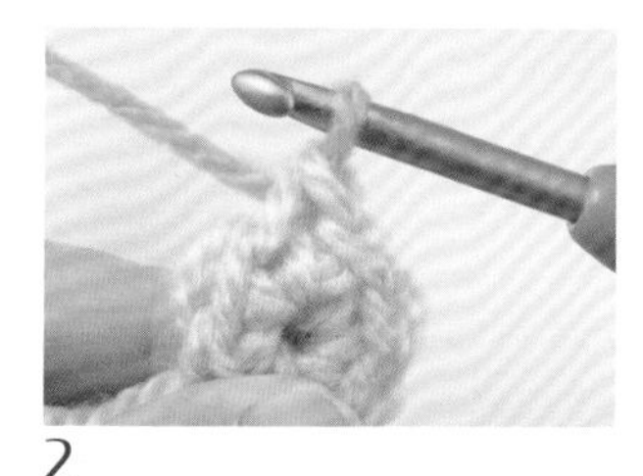

2

围绕圆环的第1圈钩织完成。

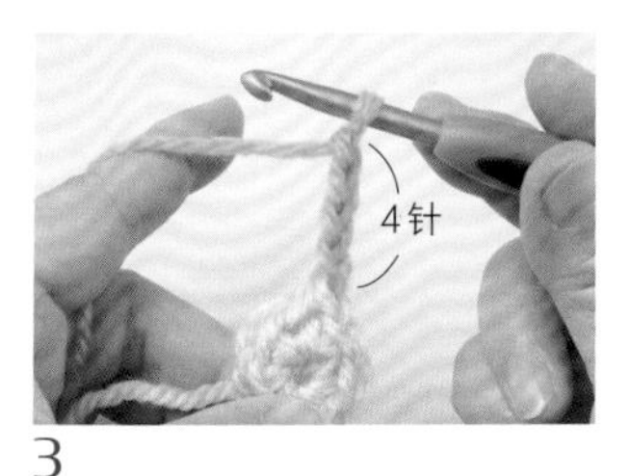

3

钩4针锁针(立起的1针锁针和在立起锁针上钩的3针锁针共计4针)。

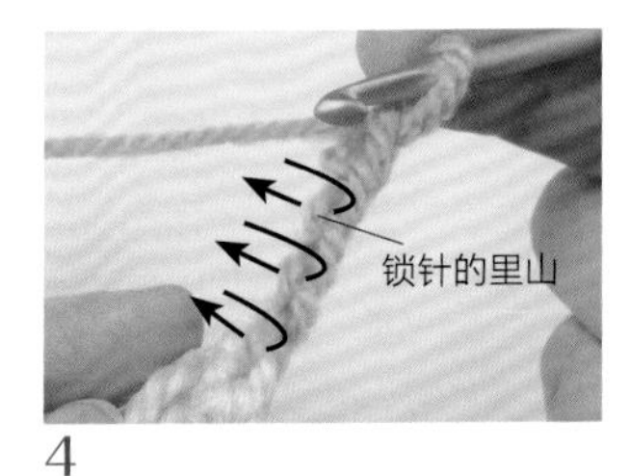

4

按照箭头所示挑锁针的里山，往回钩3针引拔针。

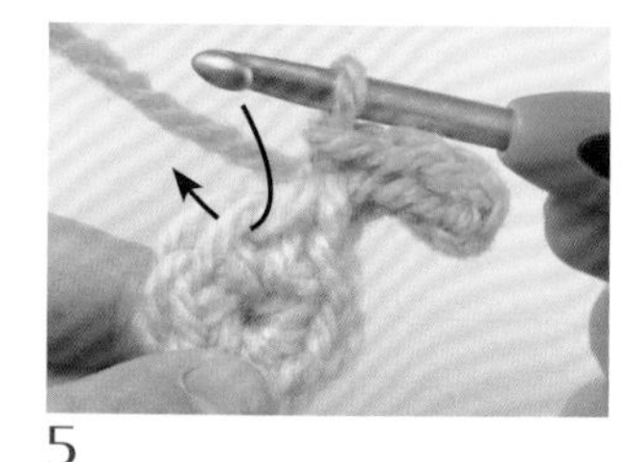

5

回钩3针引拔针完成。接着按照箭头所示方向从下一个短针内侧的半针处入针。

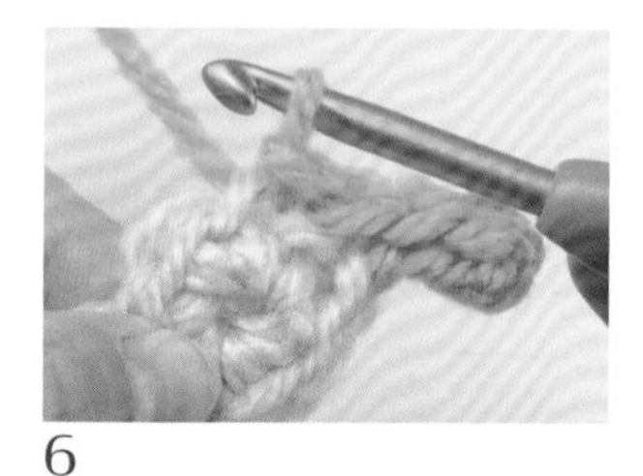

6

针上挂线引拔。图示为引拔的状态。

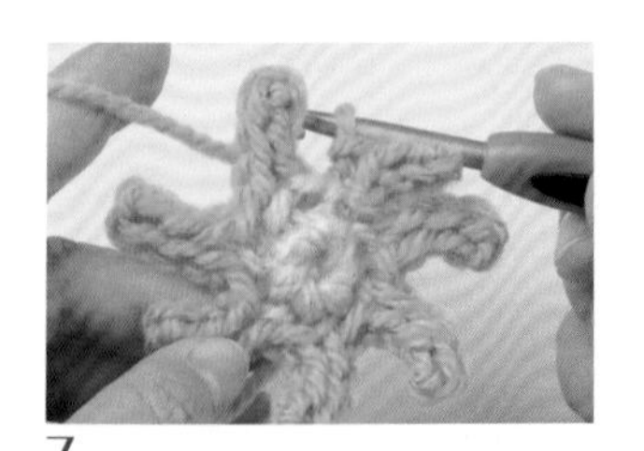

7

重复步骤3~6，第2圈钩织完成。

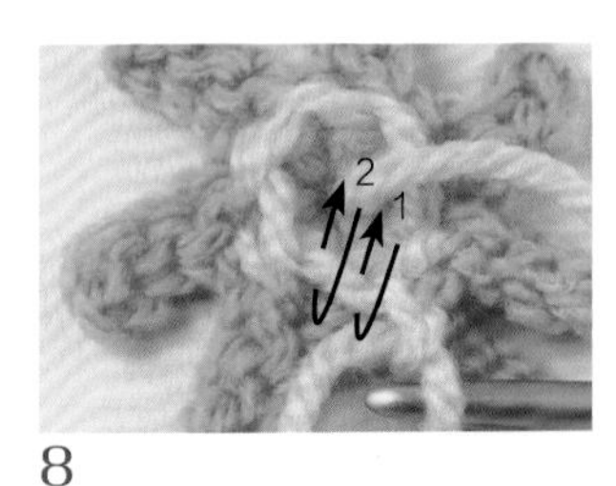

8

织片翻面，沿着第2圈，第3圈的短针在第1行留下的外侧半针处逐针钩入2针短针，针数增加。

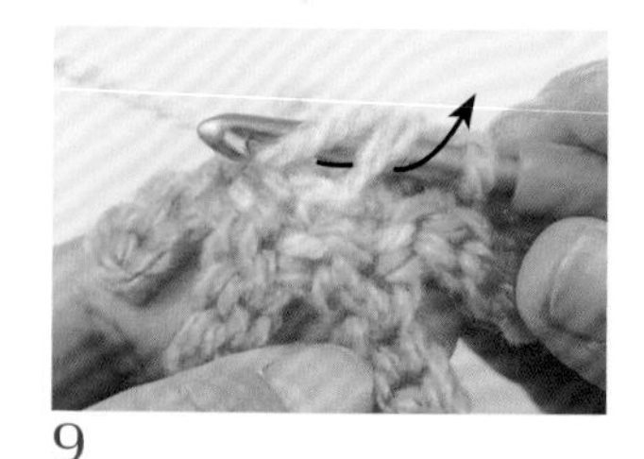

9

针上挂线，按照箭头所示方向引出，再一次挂线，将2个线圈一起引拔，钩织短针。

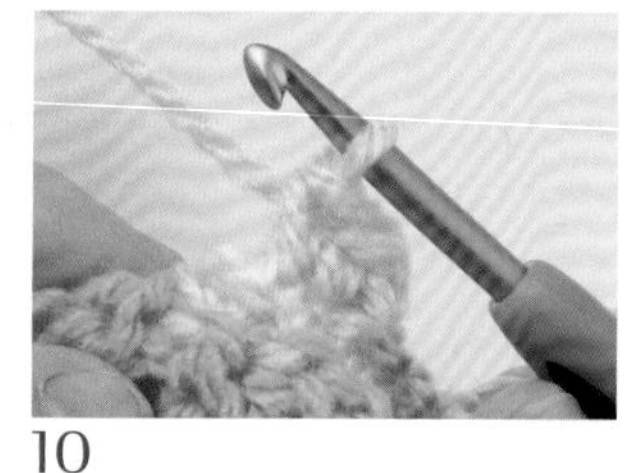

10

在相同针圈中，再钩1针短针。

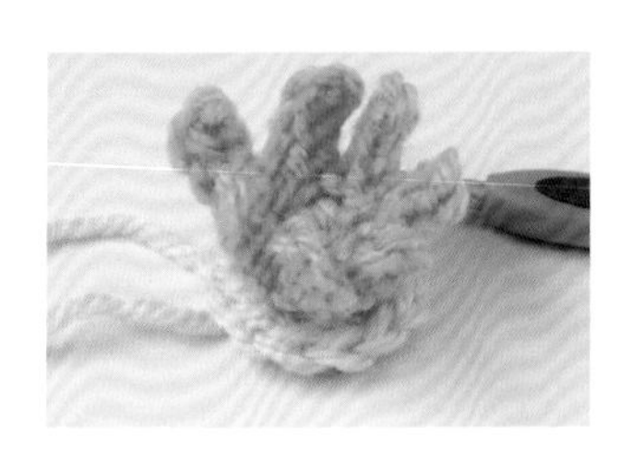

11

逐针钩入2针短针，第3圈钩织完成。

12

按照符号图继续钩织，第4圈钩织完成。

玫瑰主题花形坐垫

作品展示 & 制作方法…p.16,17&p.18,19

在基底的花片上钩织花瓣的方法

1

不包括起立针，环形钩织 7 圈短针和中长针的条纹针，作为基底。

2

在基底上钩织花瓣。在基底第 1 圈第 1 针内侧的半针处入针，针上挂线引出（a）后再次挂线，钩织立起的锁针（b）。

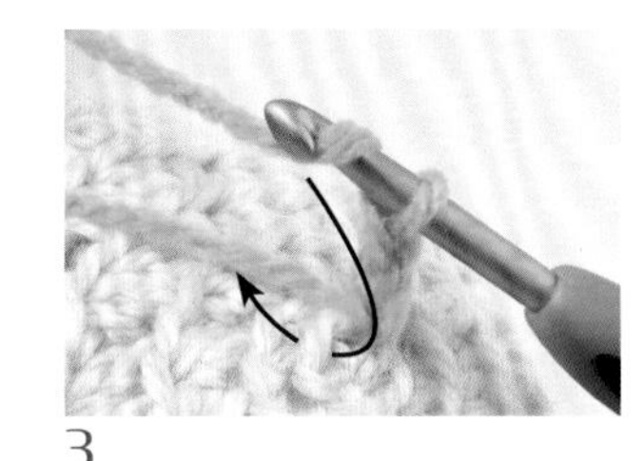

3

钩 2 针锁针，然后按照箭头所示方向挑起下一针，钩长针。

4

立起的 2 针锁针和 1 针长针钩织完成。重复步骤 3，继续钩织第 1 圈的花瓣。

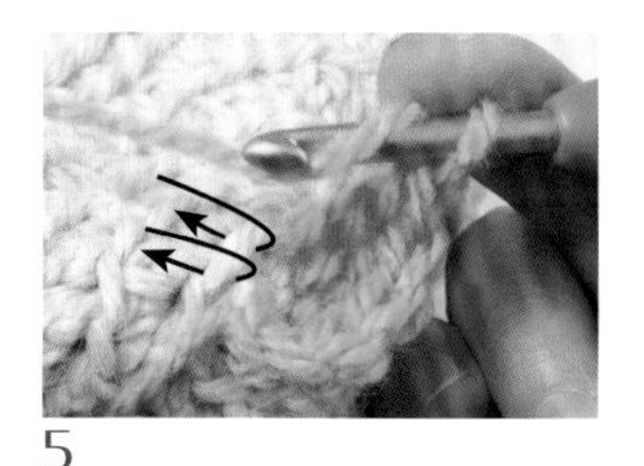

5

第 2 圈开始无需钩起立针，在钩织起点内侧的半针处钩入 2 针长针，加针钩织。根据图示钩织必要针数的长针。

6

第 3 圈开始钩织时针上挂线，钩入 1 针短针。

7

第 3 圈钩入 5 针长针。按照箭头所示方向从 1 个针圈内侧半针处入针，钩 1 针短针。

8

第 3 圈的 5 个花样钩织完成。

玫瑰图案的方形坐垫 A · B

作品展示 & 制作方法…p.52&p.54

短针条纹针织入花样的钩织方法（换线的方法）

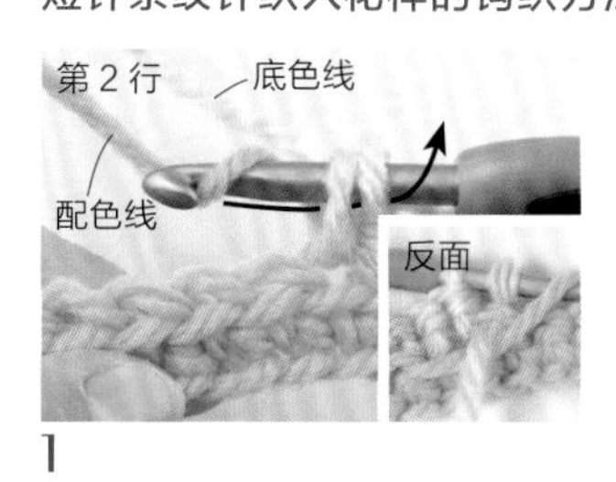

1

用底色线（本白色）钩 2 针短针，第 3 针在最后引拔时，按照右下方图片所示将底色线停针，然后针上挂配色线，按照箭头所示方向引拔。

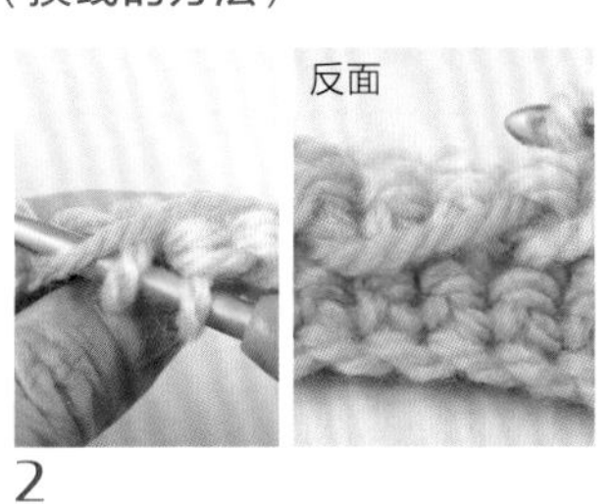

2

配色线、底色线都在织片反面进行渡线。反面渡线时要和织片尺寸相当，注意不要把线拉太紧。

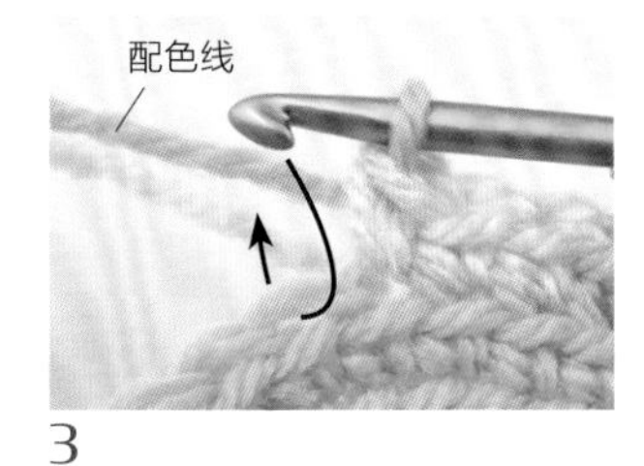

3

此时为通过引拔换上配色线的状态。将挂着 1 根线的钩针按照箭头所示从短针头针的外侧入针，引出配色线。

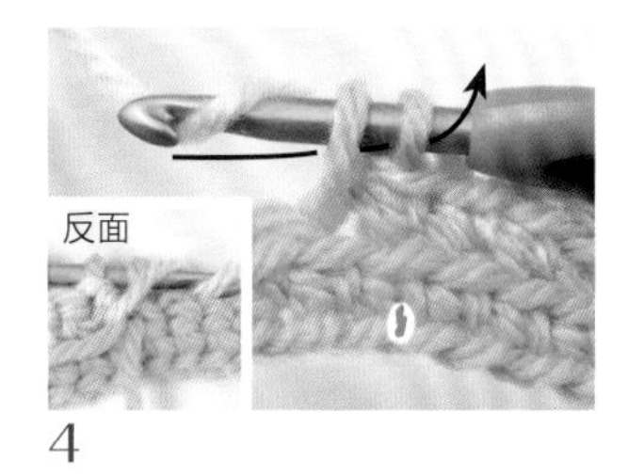

4

最后引拔时，将配色线按照左下方图片所示停针，然后针上挂底色线，按照箭头所示方向引拔。

5

此时为通过引拔换上底色线的状态。用配色线钩 1 针短针的条纹针完成。

6

按照相关图示继续钩织第 2 行。

7

完成 5 行的钩织。现在可以清晰地看到短针条纹针的花样了。

8

反面展示。配色线在下，底色线在上。

point lesson 重点课程

阿兰花样的方形坐垫 A·B

作品展示 & 制作方法…p.48,49&p.50,51

外钩针花样的钩织方法

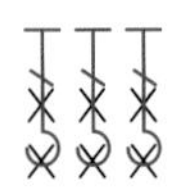

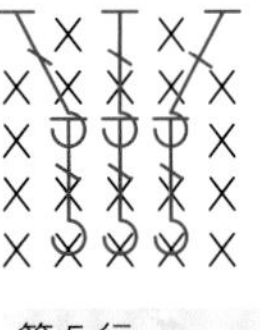

第 3 行

1
针上挂线，按照箭头所示从上上行（第 1 行）短针根部正面挑针。

2
钩 1 针长针。外钩长针 1 针完成。

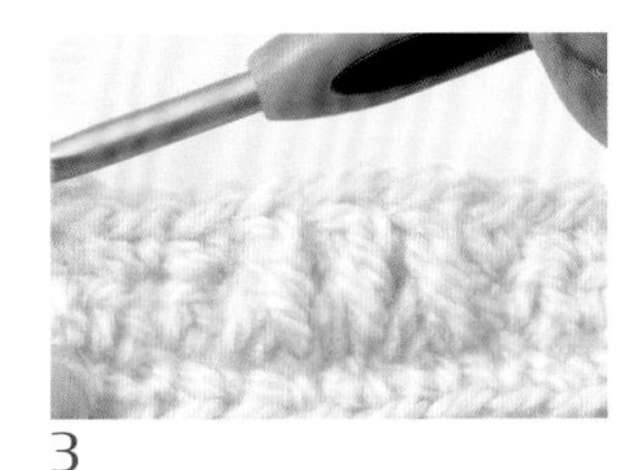

3
外钩长针 3 针完成。

第 5 行

1
针上挂线，按照箭头所示从上上行（第 3 行）外钩长针根部处入针。

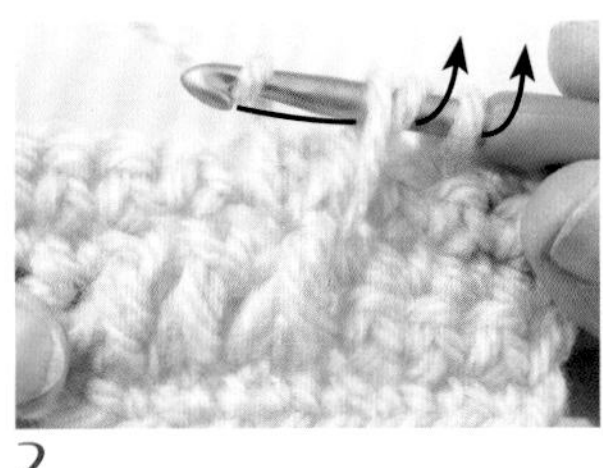

2
将线引出后再次挂线，按照箭头所示引拔 2 个线圈。相同的步骤再重复1次。

3
外钩长针 1 针完成。接着在上一行的针圈中钩 1 针短针。

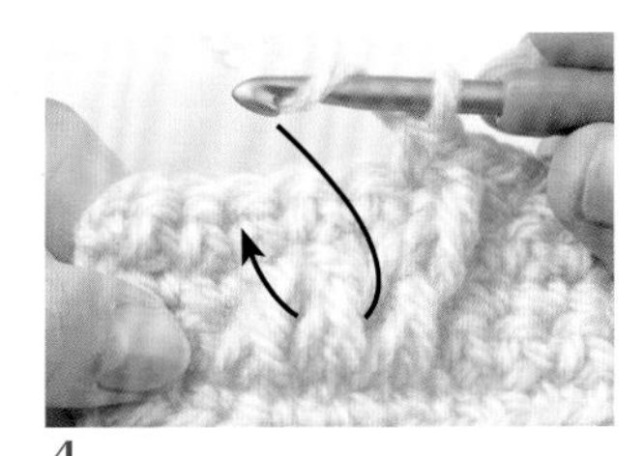

4
针上挂线，按照箭头所示从上上行的外钩长针的尾针处挑针钩织长针。

5
外钩长针 1 针完成。接着在上 1 行的针圈中钩 1 针短针。

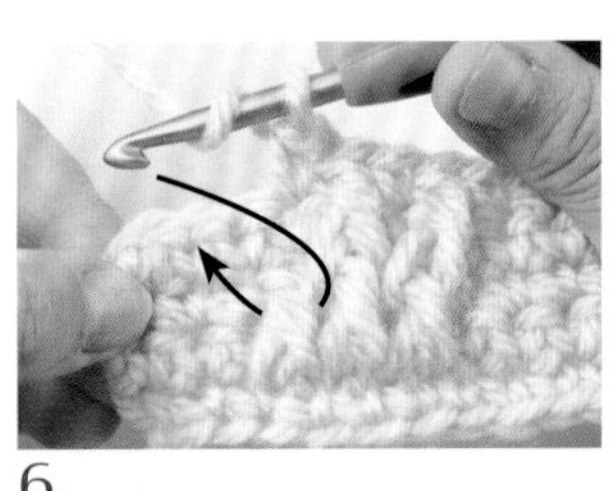

6
针上挂线，按照箭头所示从上上行的外钩长针的尾针处挑针钩织长针。

7
外钩长针钩织完成。

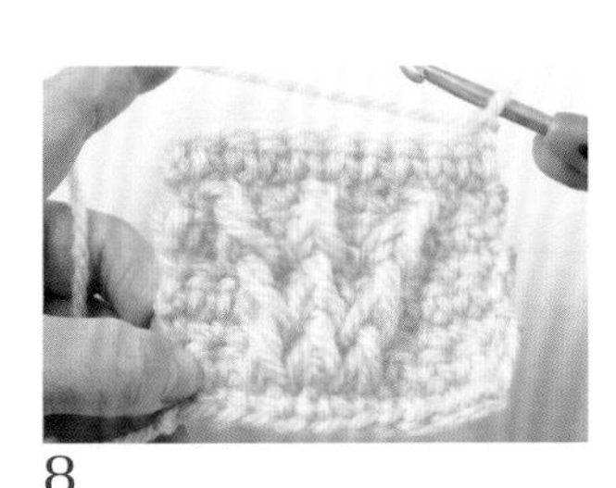

8
钩织第 8 行（偶数行）的短针，表面花纹出现。

外钩中长针 4 针的变形枣形针

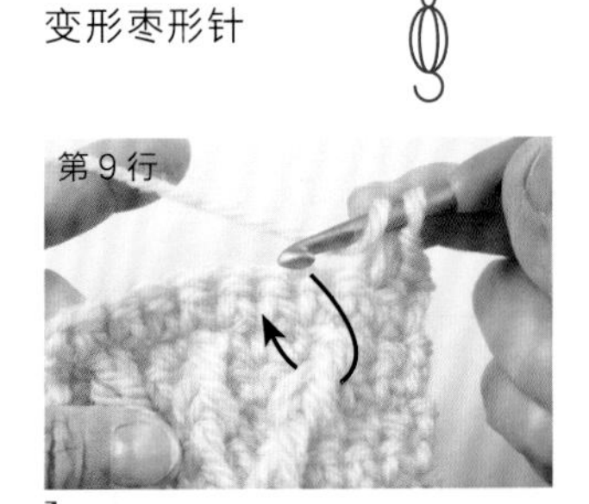

1
针上挂线，按照箭头所示从上上行（第 7 行）的外钩长针的尾针处挑针。

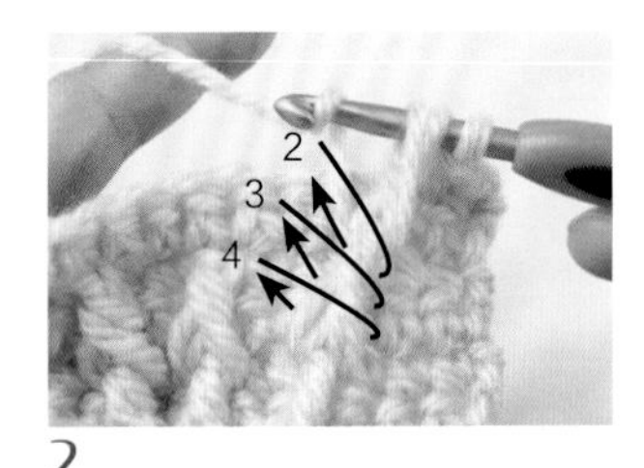

2
针上挂线，按照 2 针锁针的高度拉线引出（未完成的中长针），然后按照箭头所示方向挂线，按照相同要领引线 3 次。

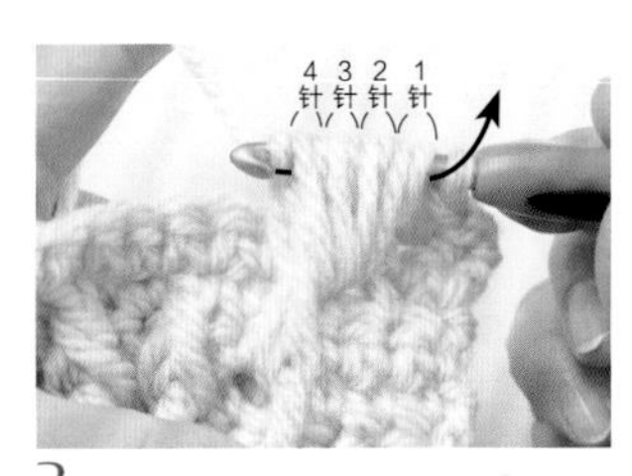

3
将 4 针未完成的中长针完成后，将针上的 8 个线圈一起引拔。

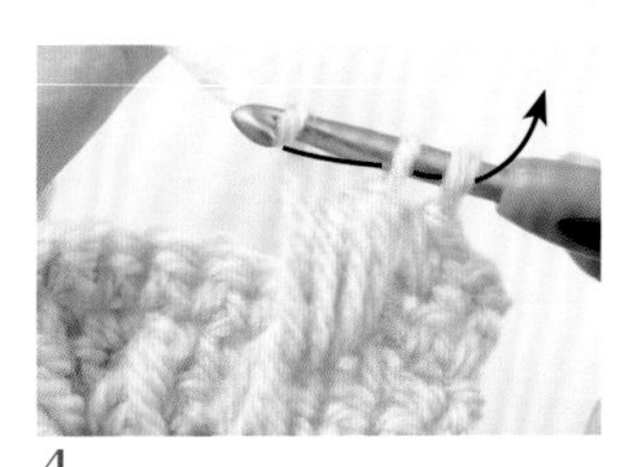

4
再一次针上挂线，将剩下的 2 个线圈引拔。

5
外钩中长针 4 针的变形枣形针完成。

外钩长针 5 针的枣形针

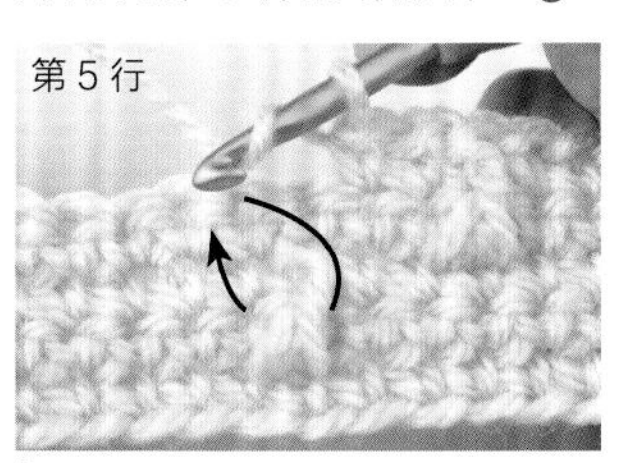

1
针上挂线，按照箭头所示从上上行（第 3 行）的外钩长针的尾针处挑针。

2
按照 2 针锁针的高度拉线引出，针上挂线，将 2 个线圈一起引拔，未完成的长针钩织完成。在未完成的长针基础上，再次针上挂线，在同一针里钩织之后的 4 针未完成的长针。

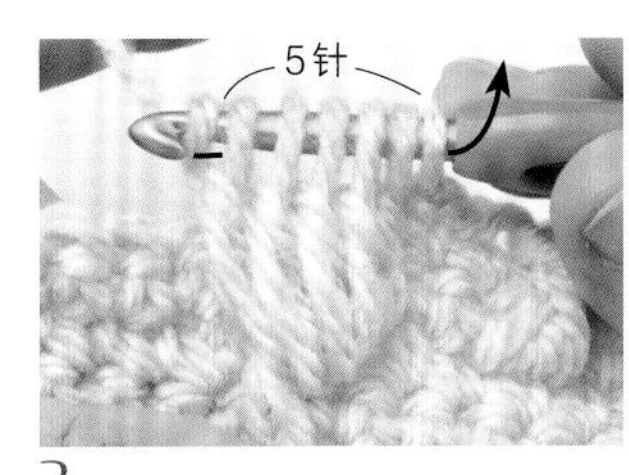

3
5 针未完成的长针钩编完成后，针上挂线，将针上的 6 个线圈一次性引拔。

4
5 针外钩长针的枣形针完成。

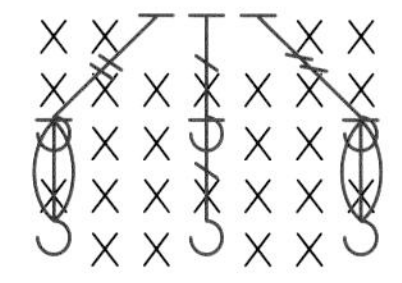

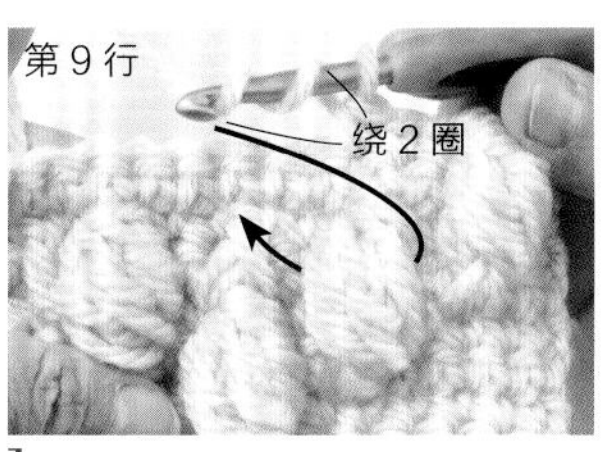

1
钩 2 针短针，接着钩外钩长长针。针头绕 2 圈线，按照箭头所示在上上行（第 7 行）枣形针的根部挑针。

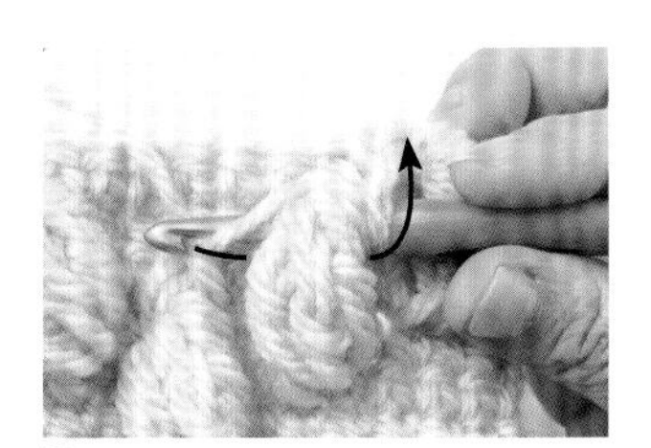

2
针上挂线，按照箭头所示方向引线。

3
针上挂线，按照箭头所示方向引拔 2 个线圈。

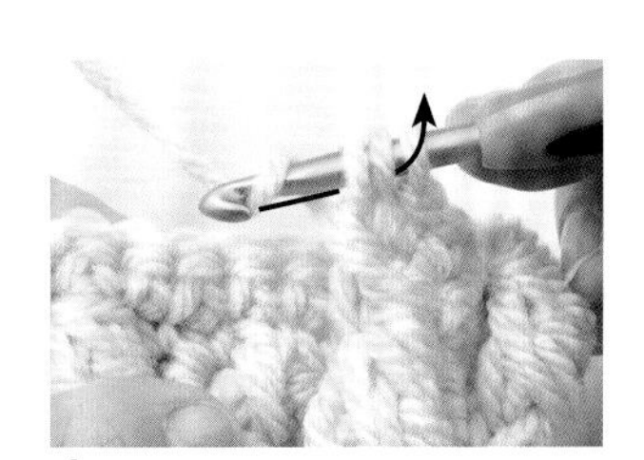

4
再一次针上挂线，按照箭头所示方向引拔 2 个线圈。

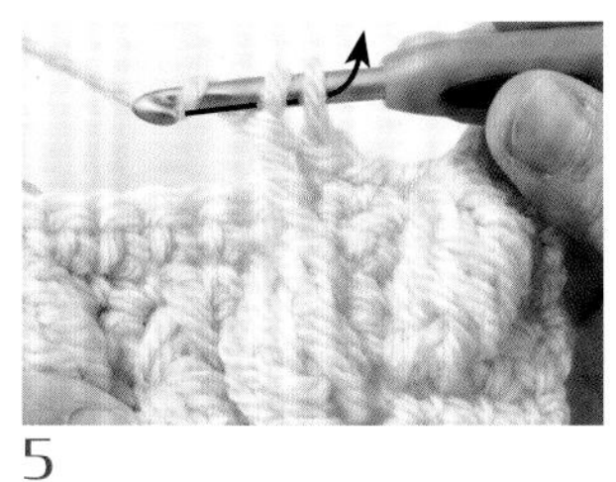

5
针上挂线，引拔剩下的 2 个线圈。

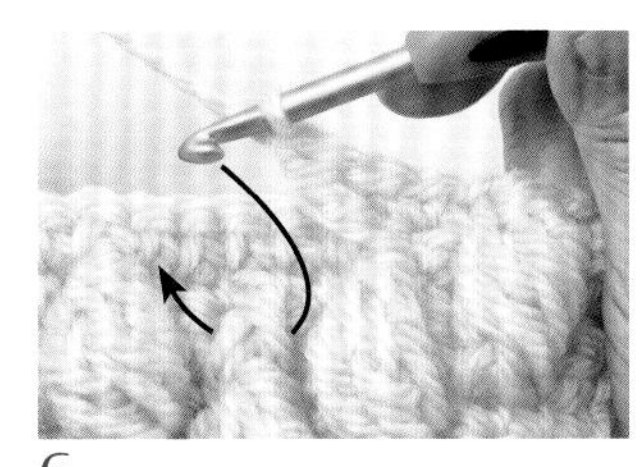

6
外钩长长针钩编完成后，按照箭头所示在上上行（第 7 行）的外钩长针的尾针处挑针，钩编外钩长针。

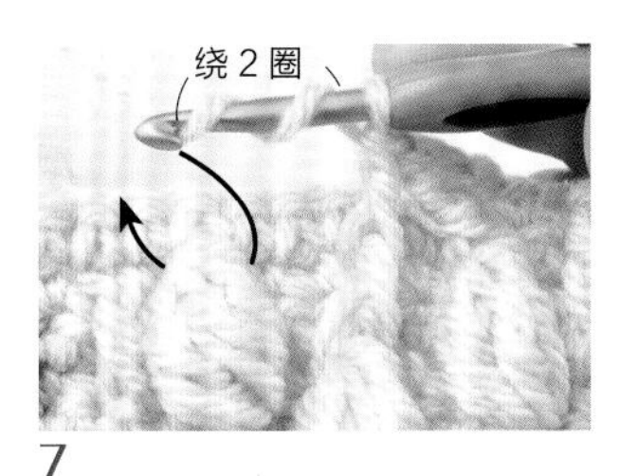

7
接着在针头绕 2 圈线，按照箭头所示在上上行（第 7 行）的枣形针的尾针处挑针。

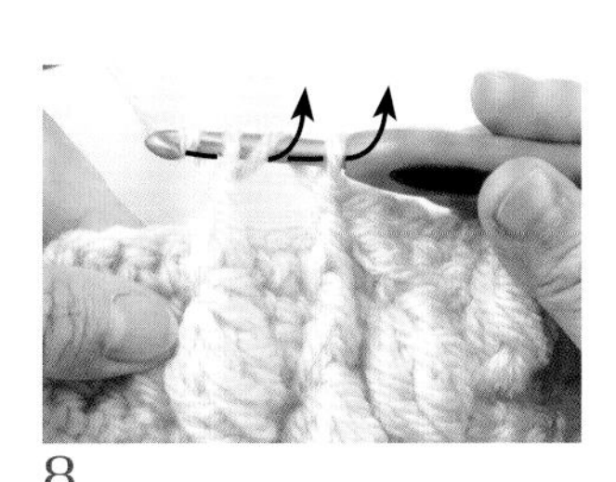

8
现在是针上挂线，引拔 2 个线圈完成的状态。再一次针上挂线，将引拔 2 个线圈的步骤重复 2 次。

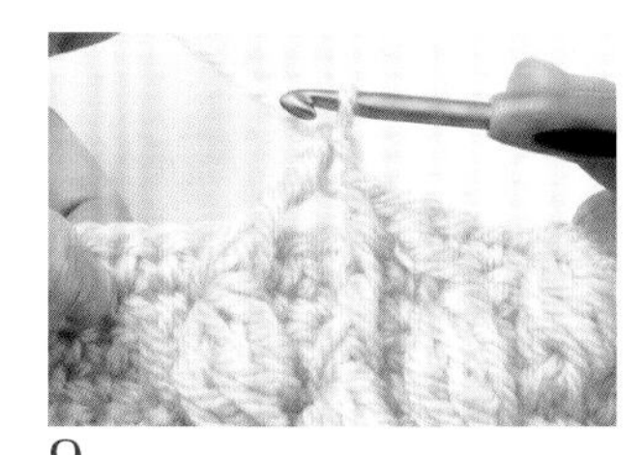

9
外钩长长针完成。

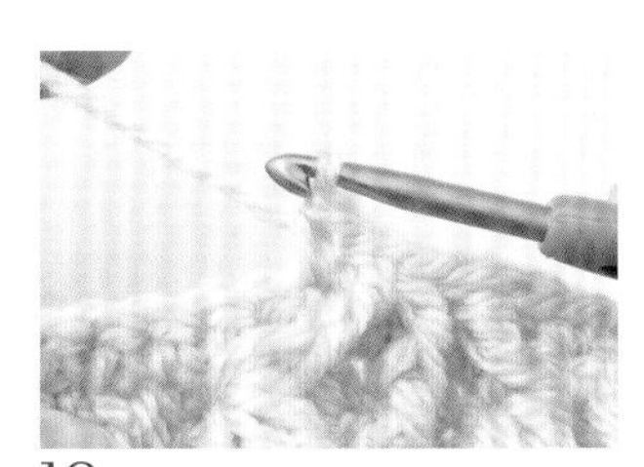

10
钩 1 针短针。

11
按照符号图继续钩织，一共钩 16 行。

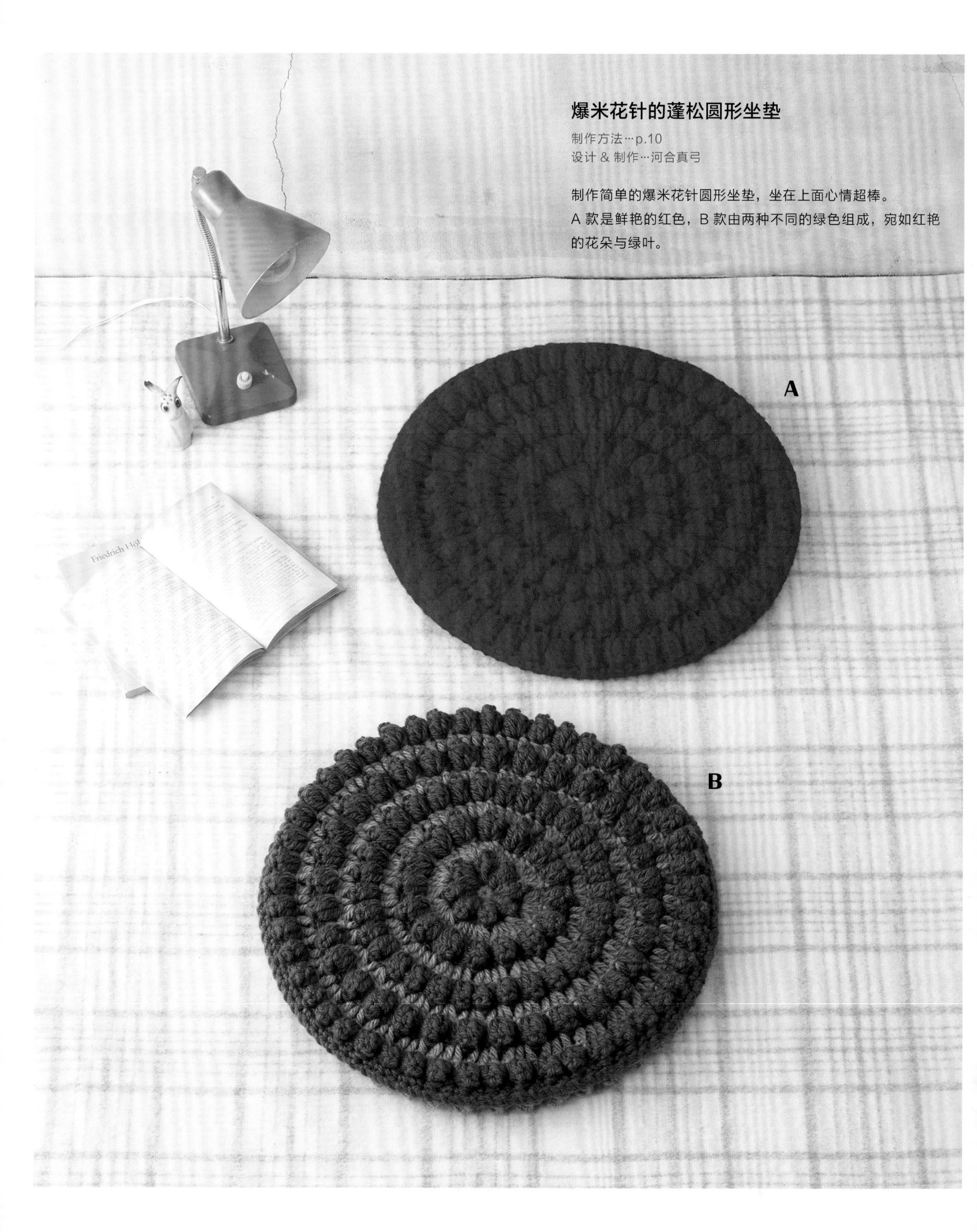

爆米花针的蓬松圆形坐垫

制作方法…p.10
设计 & 制作…河合真弓

制作简单的爆米花针圆形坐垫，坐在上面心情超棒。
A 款是鲜艳的红色，B 款由两种不同的绿色组成，宛如红艳的花朵与绿叶。

正反两面使用不同的颜色，反过来也可以使用。
根据每天的心情变换颜色也可以哦～

B

爆米花针的蓬松圆形坐垫

作品展示…A/p.8 B/p.8.9

● 准备材料

A 线　藤久　Wister colorful mate /62（红色）…290g

B 线　藤久　Wister colorful mate /89（艾草绿色）…180g，88（黄绿色）…140g

钩针　7/0 号钩针

成品尺寸　直径37cm

● 钩织方法（A·B通用）

1　绕线环形起针，分别钩织前、后片主体。

2　将主体前、后片正面朝外对齐叠合，用主体后片最后一圈的线以挑全针的卷针拼接。

B的配色表

圈数	前片	后片
11	艾草绿色	艾草绿色
10	黄绿色	艾草绿色
9	艾草绿色	黄绿色
8	黄绿色	艾草绿色
7	艾草绿色	黄绿色
6	黄绿色	艾草绿色
5	艾草绿色	黄绿色
4	黄绿色	艾草绿色
3	艾草绿色	黄绿色
2	黄绿色	艾草绿色
1	艾草绿色	黄绿色

※ A为红色

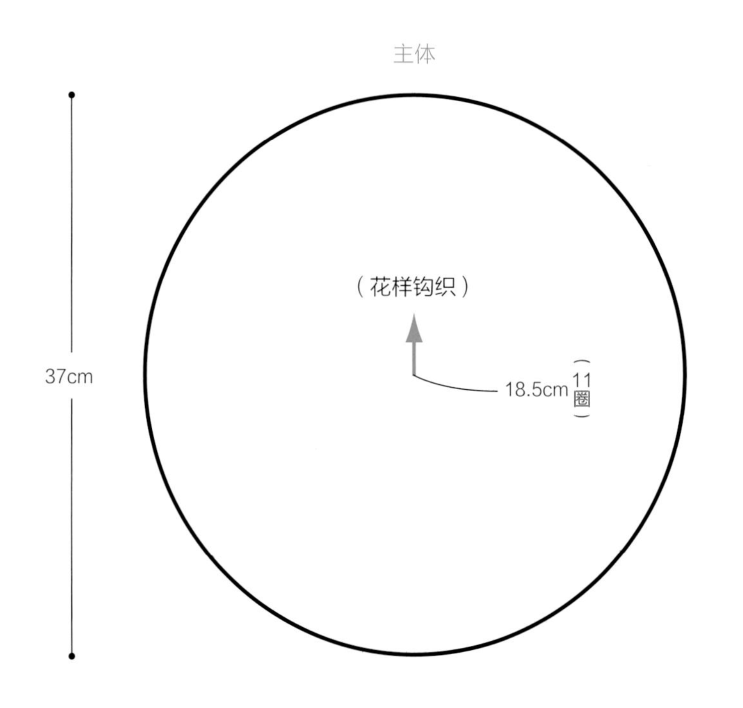

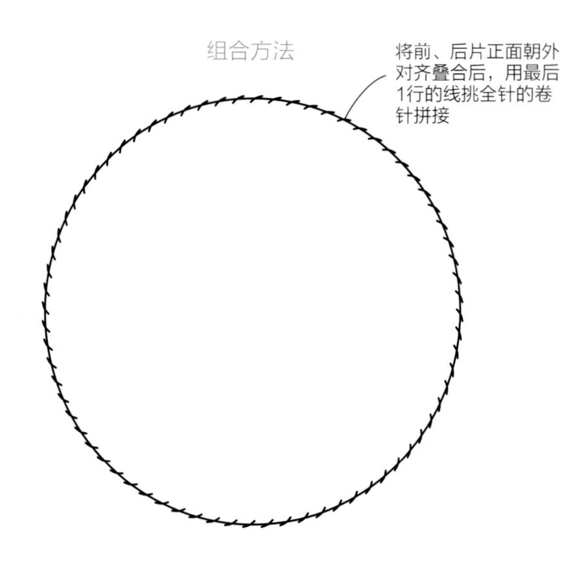

basic lesson 基础课程

卷针连接

挑半针时

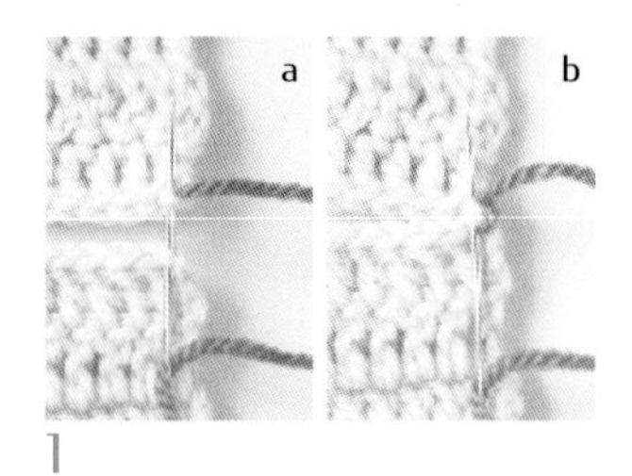

1

织片正面朝上，2片织片对齐摆放，在织片边缘针目的端针的内侧半针（1根线）处入针（a）。为避免钩织起点和终点的针圈散开，再一次按照相同方法在同一针圈处入针后再进行拼接。

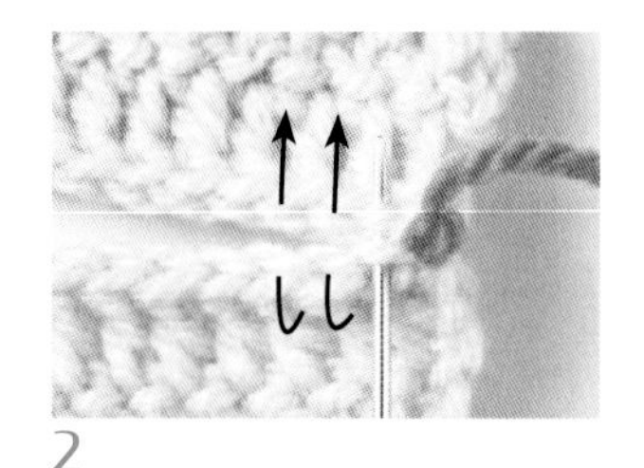

2

按照箭头所示方向，在另一织片的相对边缘针的端针内侧的半针处入针，进行拼接缝合。

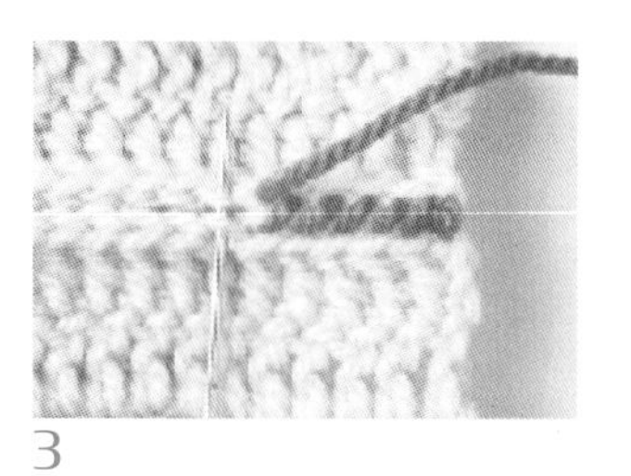

3

为保持织片平整，每一针都要将线拉紧再继续缝合。图示为缝合了几针的状态。

挑全针时

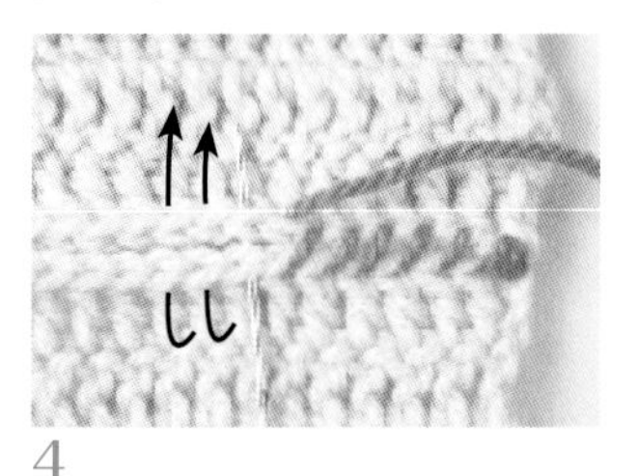

4

挑全针的情况下，第1~3步的要领和挑半针时相同，然后按照箭头所示将端针的全针（2根线）挑起进行缝合。

主体（花样钩织）

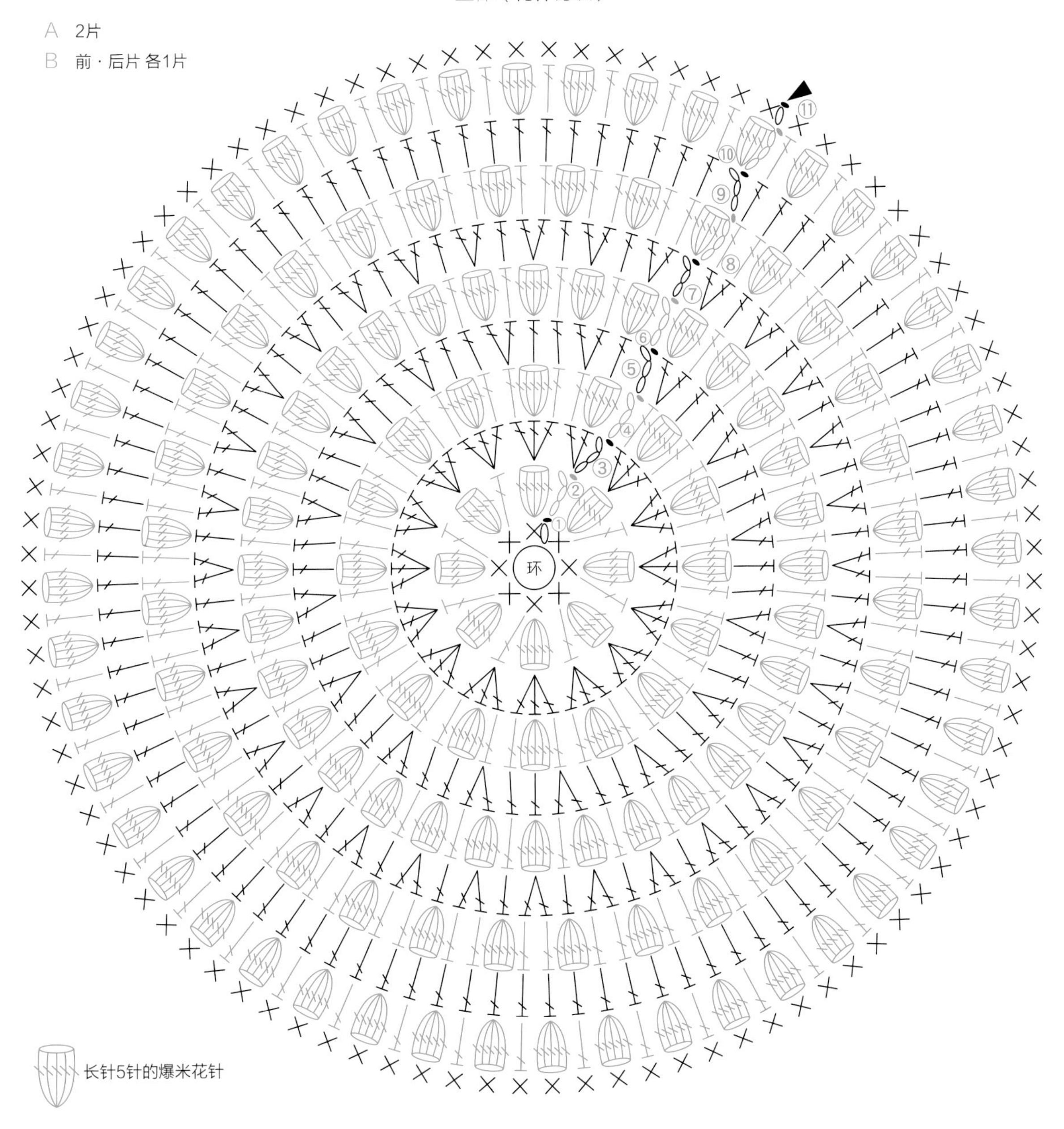

太阳花圆形坐垫

制作方法…p.14
重点课程…p.59
设计 & 制作…今村曜子

无论是色彩绚丽的太阳花，还是朴素干净的花边都与房间相得益彰。
感受花朵与花边带来的美丽色彩碰撞吧！

超棒的坐垫，在花团锦簇中享受悠哉的下午茶时光！

太阳花圆形坐垫

作品展示 & 制作方法…A/p.12 B.C/p.13&p.59

● 准备材料

A 线 Daruma手编线 Darshan中粗 /32（茶色）…165g，3（浅粉色）…40g，23（粉色）、8（浅绿色）…各10g、20（黑色）…5g

B 线 Daruma手编线 Darshan中粗 /29（浅驼色）…165g，38（红色）…40g，37（胭脂红色）、51（绿色）…各10g，20（黑色）…5g

C 线 Daruma手编线 Darshan中粗 /13（蓝色）…165g、2（浅黄色）…40g，5（黄色）、7（黄绿色）…各10g

钩针 8mm钩针（大号钩针）、10/0 号钩针、7/0号钩针

成品尺寸 直径35㎝

● 钩织方法（A·B·C 通用）

※ 取1根线钩织花芯，其余各需2根线钩织。

1 绕线环形起针，钩织主体后片（参照p.22）。
2 根据图示钩织花瓣。
3 将主体前片的镶边从花瓣的针圈中挑针并织，如图所示钩织。
4 绕线作环形起针，钩织花心。
5 将花芯和主体的前片缝合。
6 主体前片和后片正面朝外对齐叠合，用挑半针的卷针拼接（参照p.10）。

主体·后片

（短针）取2根线 8mm钩针

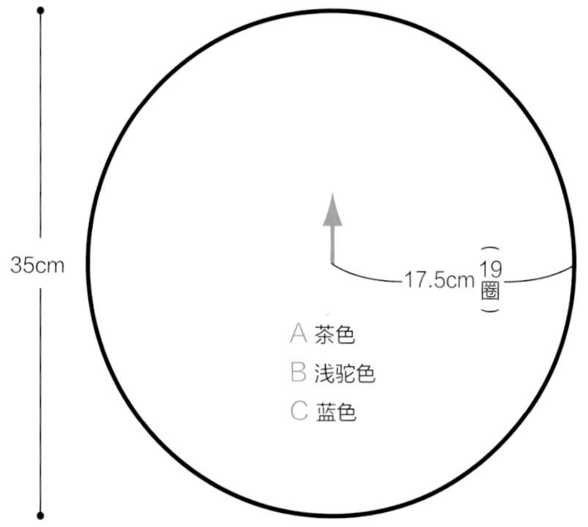

35cm
17.5cm 19圈
A 茶色
B 浅驼色
C 蓝色

※与三色堇钩织方法相同（参照p.22）

主体·前片

（短针的织入花样 参照p.59）取2根线 10/0号钩针

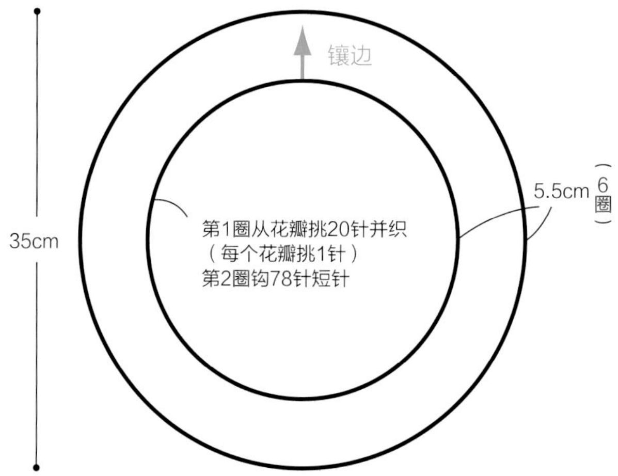

35cm
镶边
5.5cm 6圈
第1圈从花瓣挑20针并织（每个花瓣挑1针）
第2圈钩78针短针

花芯的加针

圈数	钩织方法	针数
5	短针	30针
4	短针的条纹针	24针
3	※参照图解	18个花样
2	短针	18针
1	中长针	12针

★（5、4圈）

※第3圈织完后倒回至内侧重复钩织★部分。

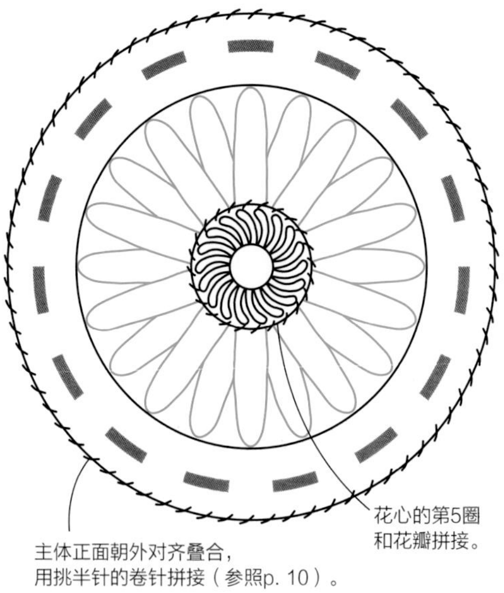

花芯

取1根线 7/0号钩针

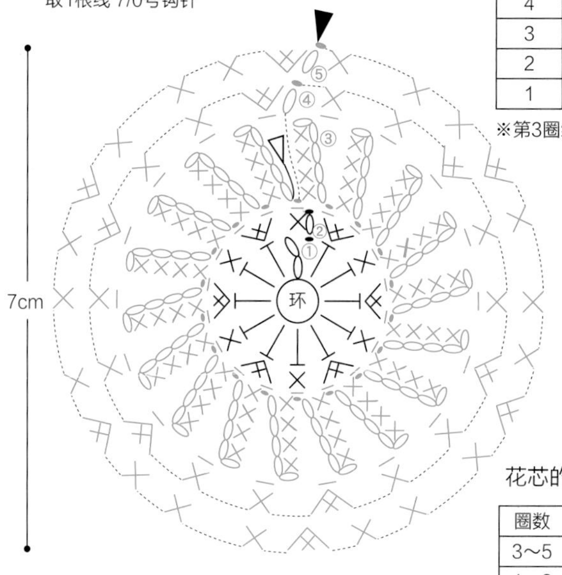

7cm
环
第3圈在第2圈正面的半针处、第4圈在第2圈背面的半针处挑针钩织

组合方法

主体正面朝外对齐叠合，用挑半针的卷针拼接（参照p.10）。
花心的第5圈和花瓣拼接。

花芯的配色

圈数	A	B	C
3~5	粉色	粉色	黄色
1·2	黑色	黑色	黄绿色

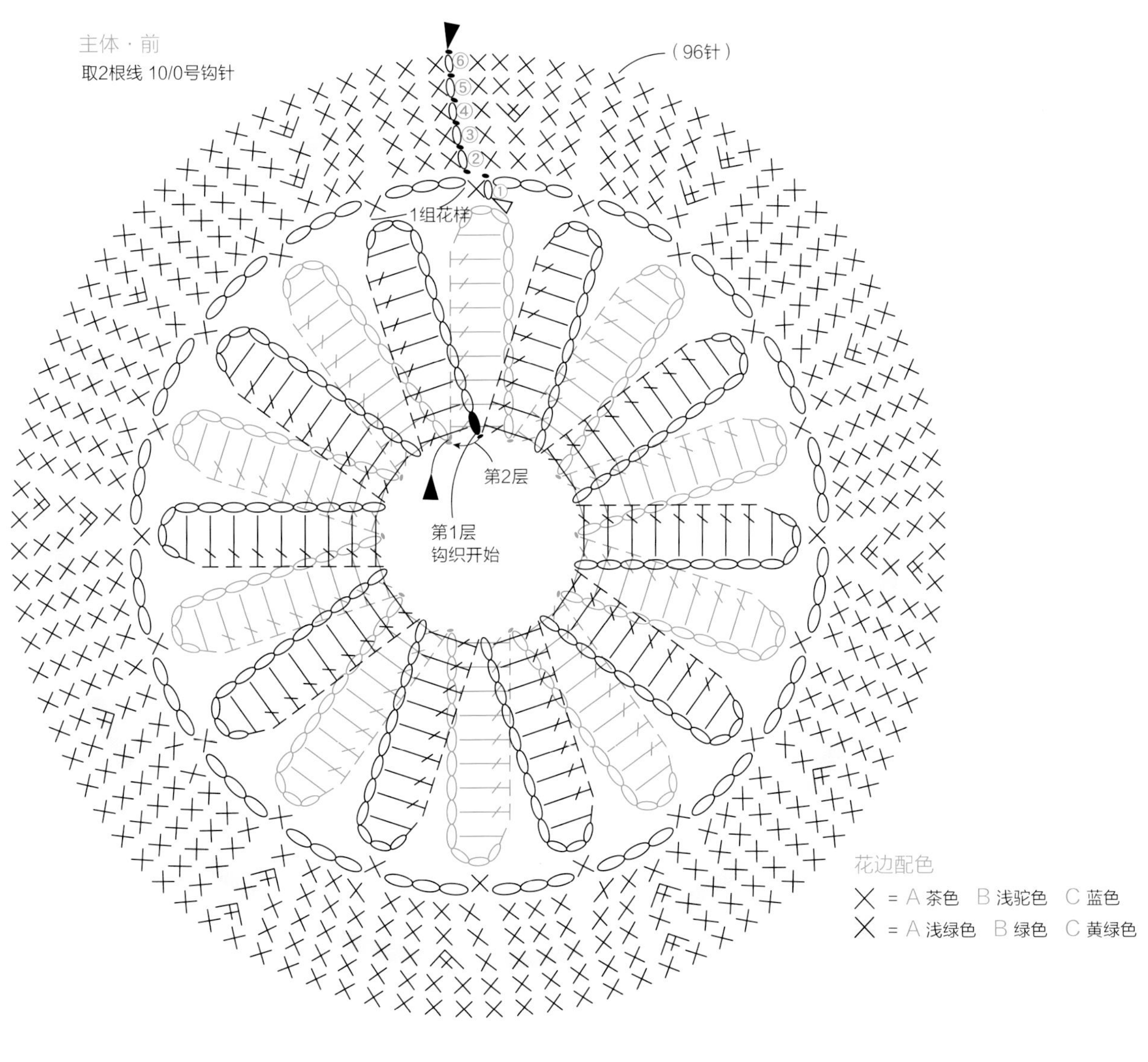
主体 · 前
取2根线 10/0号钩针
（96针）
⑥
⑤
④
③
②
①
1组花样
第2层
第1层
钩织开始
花边配色
= A 茶色 B 浅驼色 C 蓝色
= A 浅绿色 B 绿色 C 黄绿色

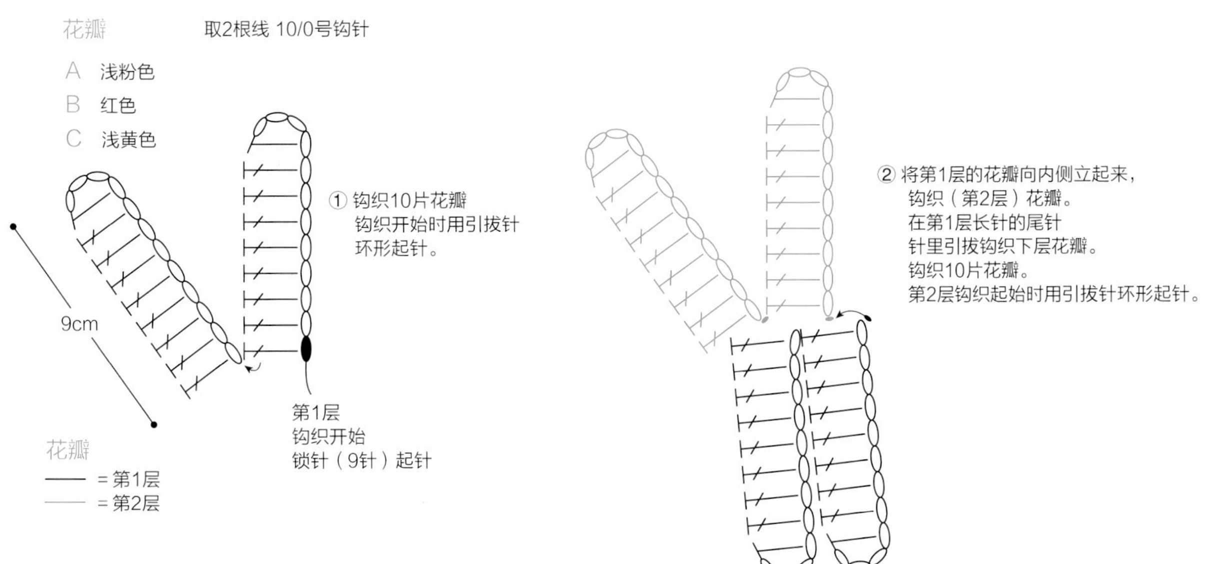
花瓣
取2根线 10/0号钩针
A 浅粉色
B 红色
C 浅黄色
9cm
① 钩织10片花瓣
钩织开始时用引拔针
环形起针。
第1层
钩织开始
锁针（9针）起针
花瓣
= 第1层
= 第2层
② 将第1层的花瓣向内侧立起来，
钩织（第2层）花瓣。
在第1层长针的尾针
针里引拔钩织下层花瓣。
钩织10片花瓣。
第2层钩织起始时用引拔针环形起针。

玫瑰主题花形坐垫

制作方法…p.18
重点课程…p.5
设计 & 制作…松本薰

在基底上钩出花瓣，
如同玫瑰花束一样的坐垫，十分简单哦。
浪漫色调的重叠带来愉悦好心情～

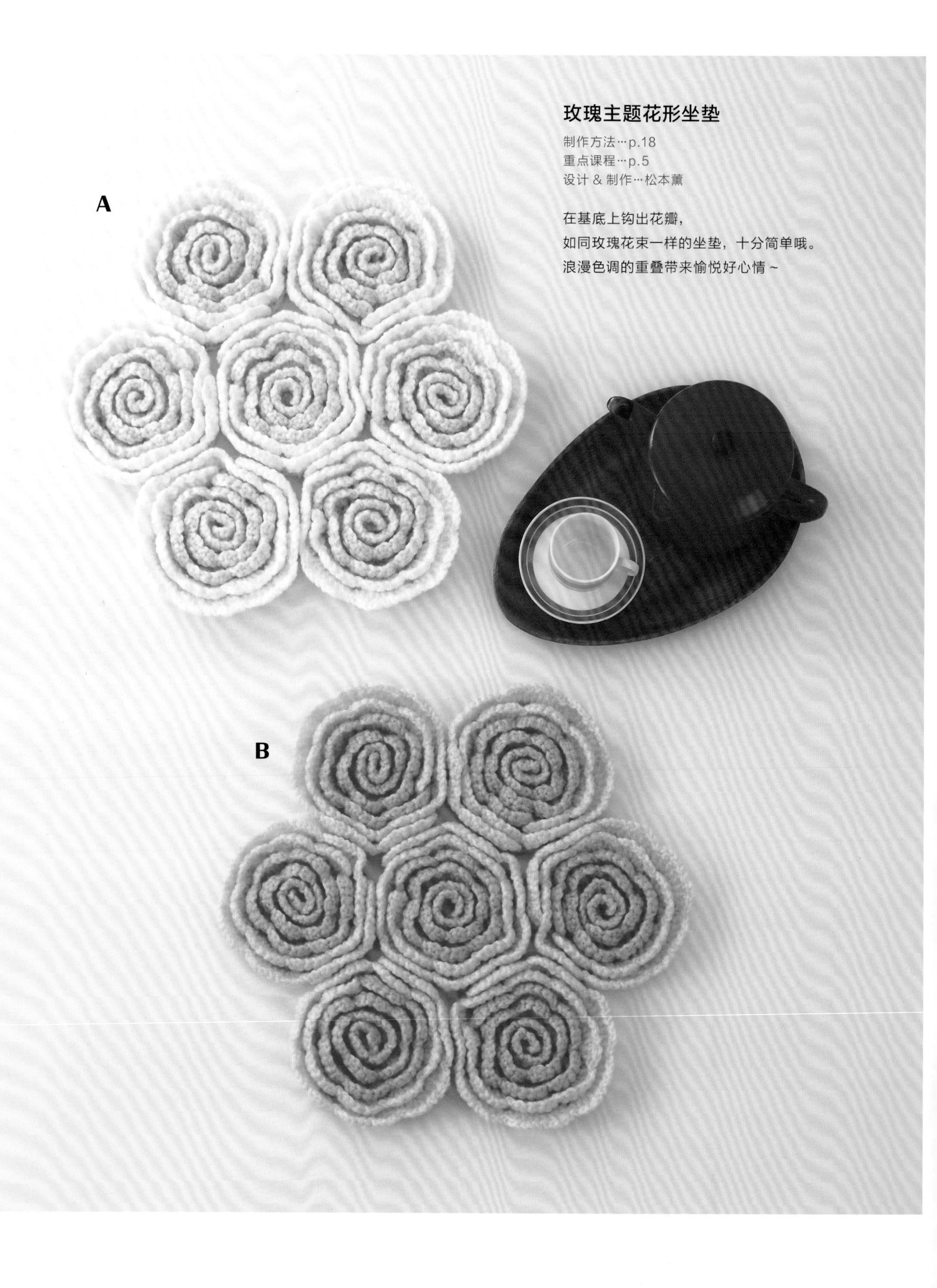

说到玫瑰立刻就可以想到的深红色花瓣，
在房间里翩然绽放。

C

玫瑰主题花形坐垫

作品展示 & 制作方法…A.B/p.16 C/p.17&p.5

● **准备材料**

A 线 Hamanaka Bonny/405（浅粉色）…180g，442（本白色）…110g

B 线 Hamanaka Bonny/433（金黄色）…180g，416（黄色）…110g

C 线 Hamanaka Bonny/429（朱红色）…180g，404（红色）…110g

钩针 7.5/0号钩针

成品尺寸 直径39cm

● **钩织方法（A·B·C 通用）**

1 绕线作环形起立针，钩织7片基底。

2 在基底条纹针内侧的半针处挑针，在基底上钩织花瓣。（参照p.5）

3 参照单元花样的连接图，将相邻的基底用挑全针的卷针缝合拼接（参照p.10）。将花瓣向内侧立起使之呈现立体感。

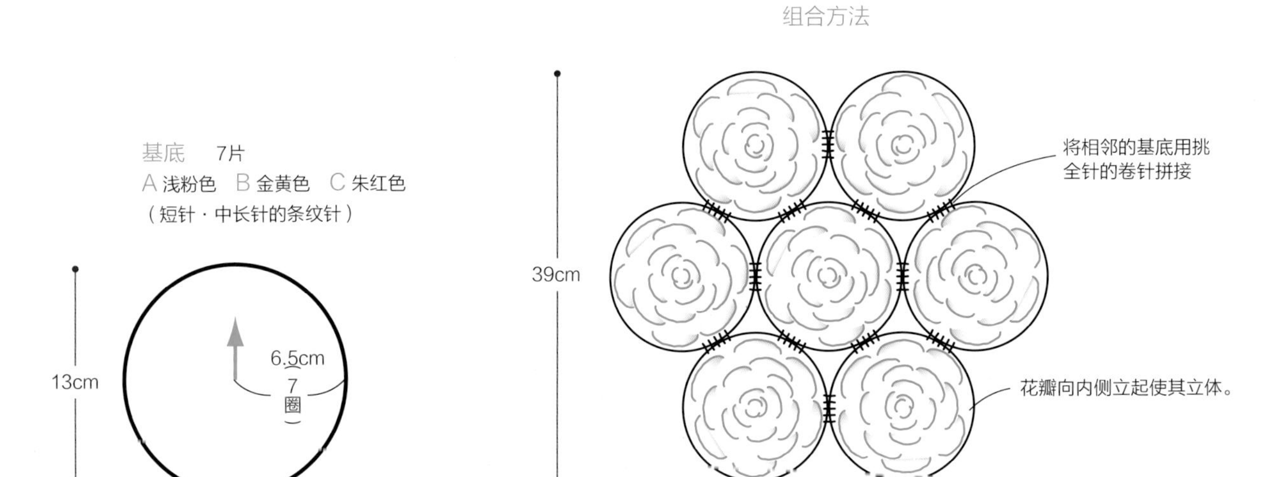

花瓣

※ 在基底条纹针内侧的半针处挑针，在基底上钩织花瓣。

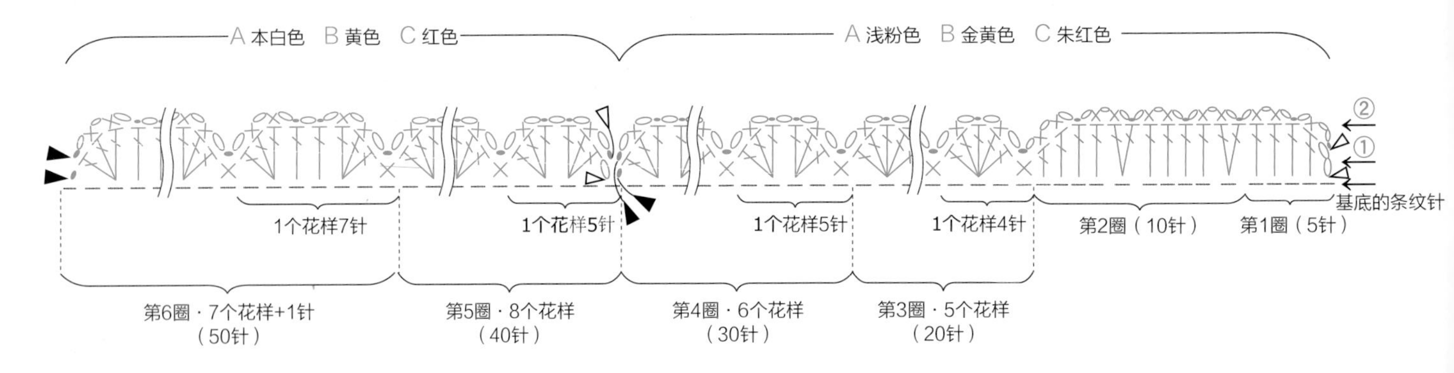

基底的加针

圈数	针数	加针数
7	50针	
6	50针	每圈加10针
5	40针	
4	30针	
3	20针	
2	10针	加5针
1	5针	

基底

单元花样连接图

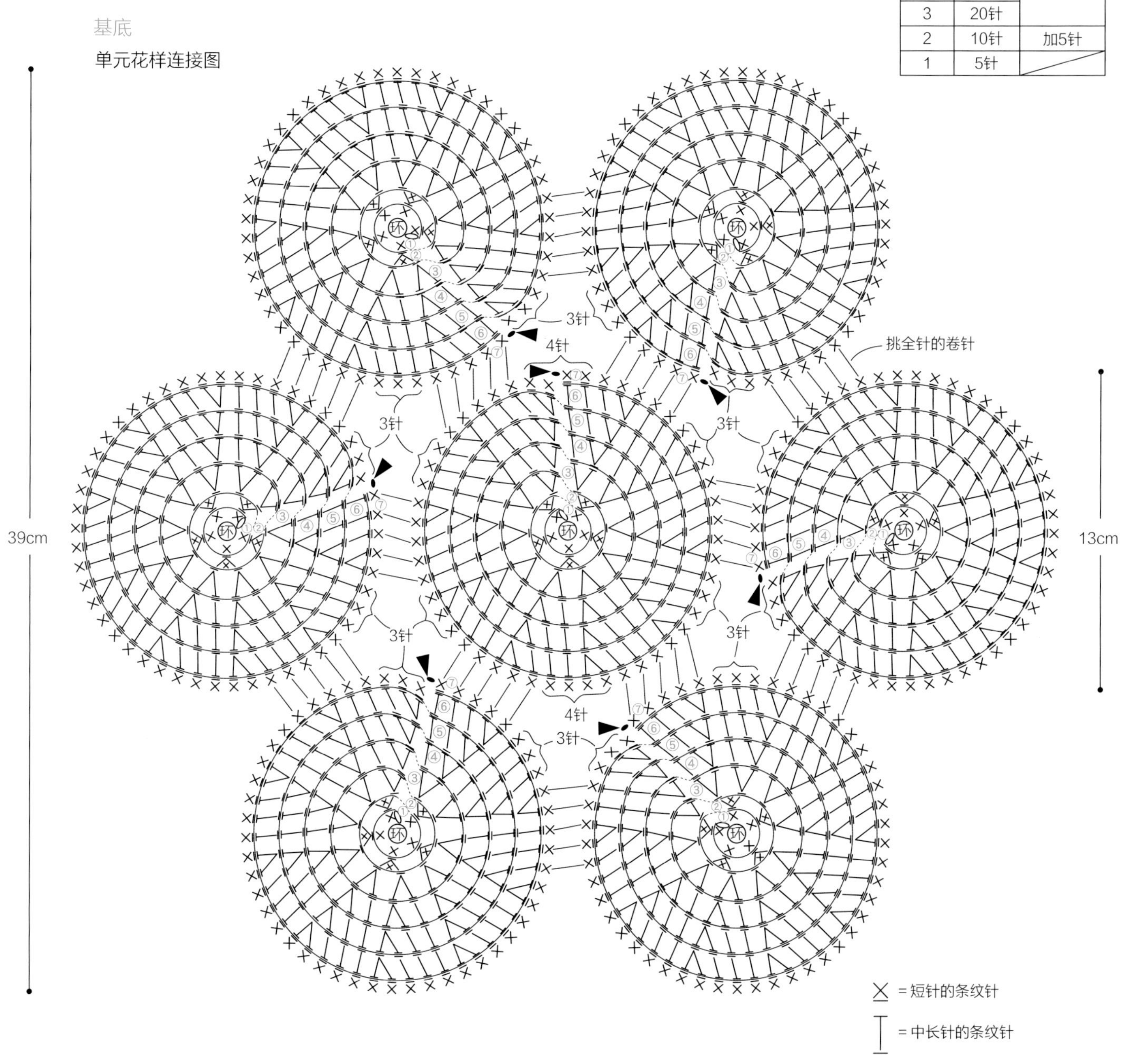

三色堇圆形坐垫

制作方法…p.22
重点课程…p.59
设计 & 制作…今村曜子

将前面介绍的太阳花坐垫做些变化，便成了华丽的三色堇坐垫。
大朵的三色堇，元气满满的丰富色彩十分吸引大家的眼球哦。

粉瓣的三色堇，
为空间营造出优雅气息。

三色堇圆形坐垫

作品展示 & 制作方法…A/p.20 B/p.21&p.59

● 准备材料

A 线　藤久 Wister jolly time Ⅱ/25（黄绿色）…150g，34（紫色）…30g、4（柠檬黄色）…15g，40（藏青色）、30（黄色）…各10g，2（本白色）…5g

B 线　藤久 Wister jolly time Ⅱ/7（深绿色）…150g、13（浅粉色）…30g，2（本白色）…15g，17（胭脂红色），3（奶油色）…各 10g，25（黄绿色）…5g

钩针　8mm钩针（大号钩针）、10/0号钩针

成品尺寸　直径35cm

● 钩织方法（A·B 通用）

※全部取2根线钩织。

1　绕线作环形起立针，钩织主体·后片。
2　钩78针锁针起立针作环，钩织主体·前片的镶边（参照p.59）。
3　线端作环形起立针，钩织花样。
4　将主体·前片的花边和花样拼接。
5　主体前片和后片对齐叠合，用挑半针的卷针拼接（参照p.10）。

主体·后片
（短针）取2根线 8mm钩针

35cm
17.5cm 19圈

A　黄绿色
B　深绿色

主体·后片（短针）取2根线 8mm钩针

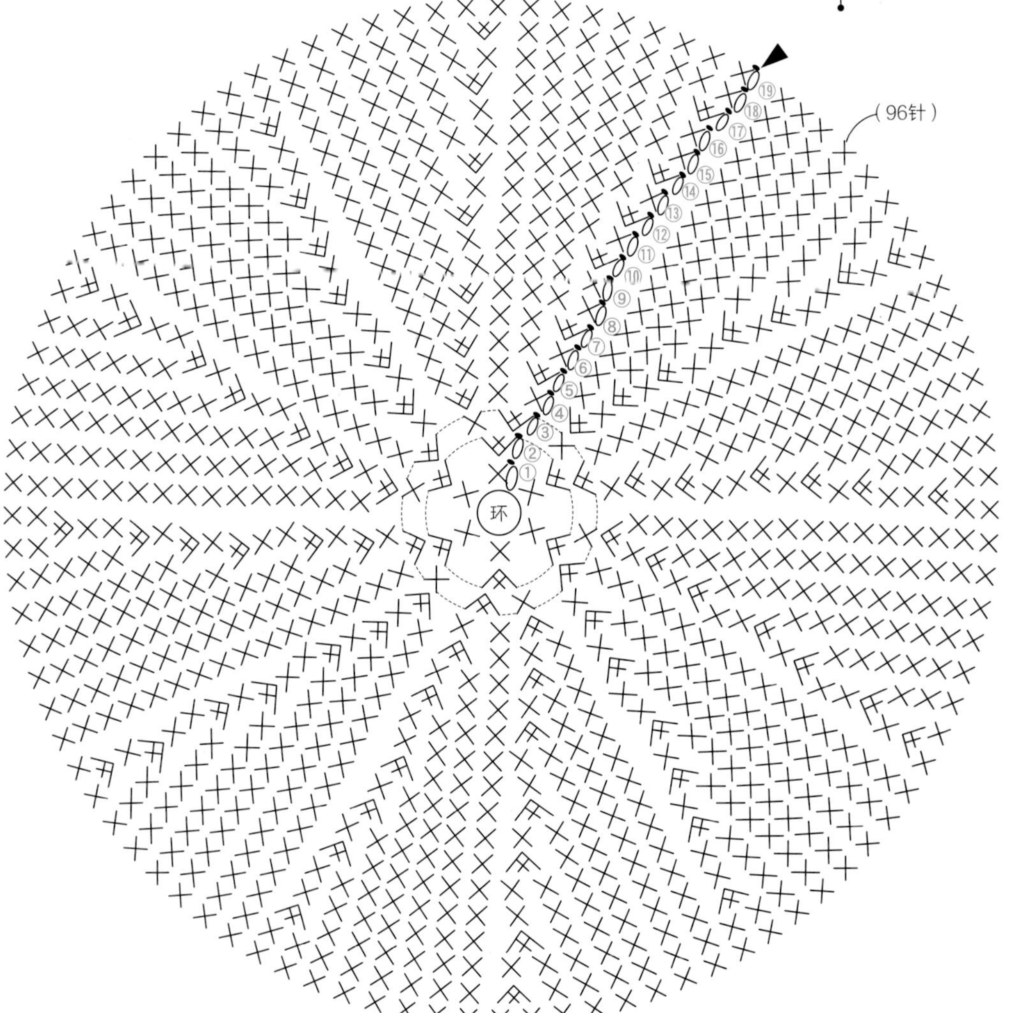

主体·后片的加针数

圈数	针数	加针数
19	96针	
18	96针	每圈加6针
17	90针	
16	84针	
15	78针	
14	78针	每圈加6针
13	72针	
12	66针	
11	60针	
10	54针	
9	48针	
8	48针	每圈加6针
7	42针	
6	36针	
5	30针	
4	24针	
3	18针	
2	12针	
1	6针	

※ 同样适用于太阳花圆坐垫

主体·前片
（短针的织入花样）

花边
锁针（78针）起立针
35cm
5.5cm（6圈）
（96针）

组合方法

（16针）
（12针）
（12针）
（11针）
（11针）
（6针）
（4针）
（6针）

主体后片和主体前片的花边正面朝外对齐叠合，用挑半针的卷针拼接

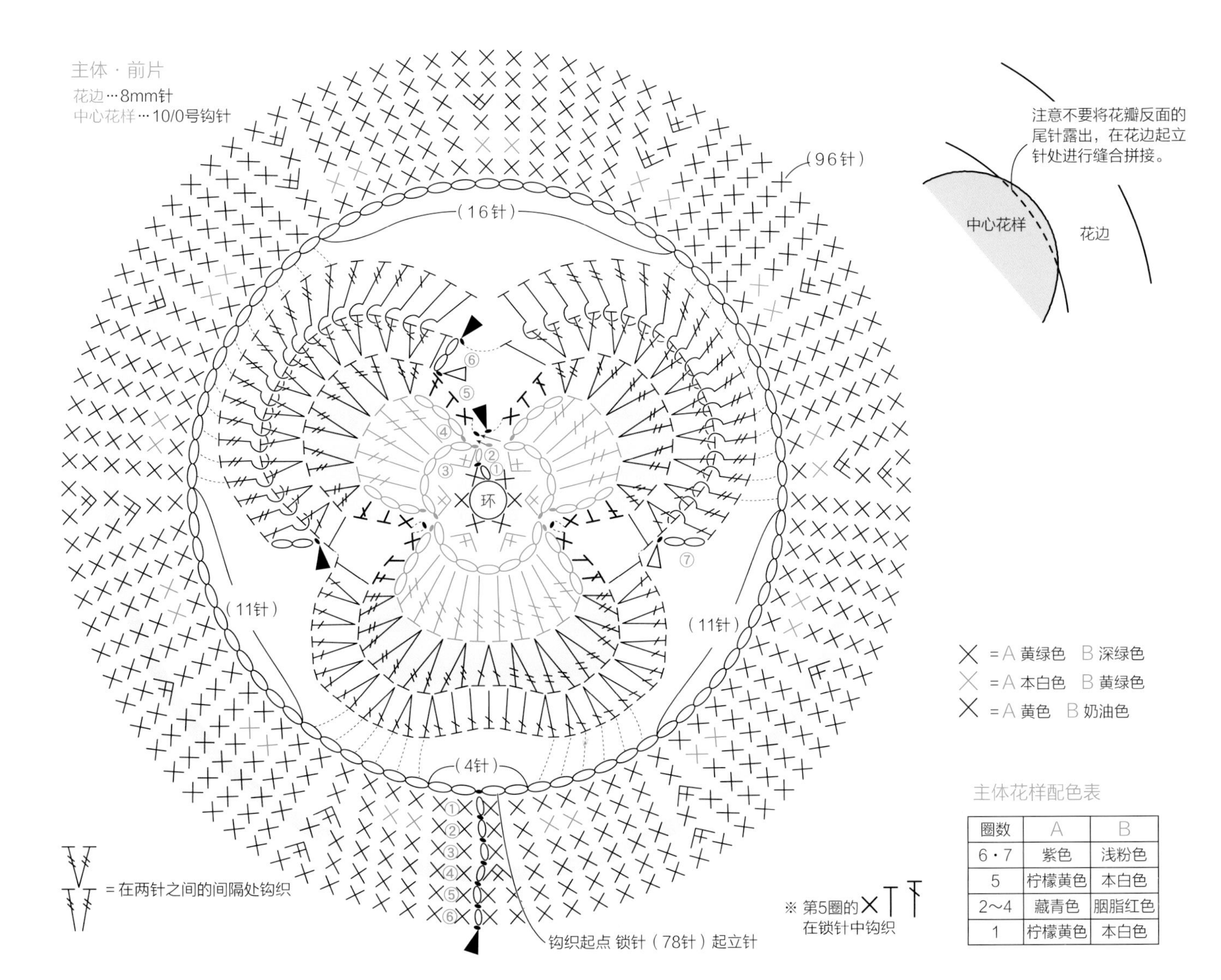

主体花样配色表

圈数	A	B
6·7	紫色	浅粉色
5	柠檬黄色	本白色
2~4	藏青色	胭脂红色
1	柠檬黄色	本白色

草莓和四叶草主题方形坐垫

制作方法…p.26
设计 & 制作…川路由美子

将可爱的草莓、漂亮的花朵和叶子装饰到简单菱钩针的织片上，就是好看又好用的方形坐垫喽。

将四叶草装饰到和 p.24 的相同主体上。
悄悄爬上四叶草花束的小瓢虫十分惹人喜爱呢。

草莓和四叶草主题方形坐垫

作品展示…A/p.24 B/p.25

● 准备材料

A（草莓）线 藤久 Wister colorful mate /53（奶油色）…260g，Wister jolly time Ⅱ /17（胭脂红色）…15g，7（深绿色）…10g、2（本白色）…各10g，4（柠檬黄色）…5g

B（四叶草）线 藤久 Wister colorful mate /54（浅驼色）…260g，Wister jolly time Ⅱ /39（艾草绿色）…15g，2（本白色）…10g，38（黄绿色）…5g，17（胭脂红色）、10（黑色）…各少量

钩针 8/0号钩针，6/0号钩针

成品尺寸 直径36cm

● 钩织方法（A·B 通用）

1 钩42针锁针作起立针，用短针的菱钩针钩织主体2片。

2 钩织边缘。第1行要将主体正面朝外对齐，前片后片一起从针圈和行中挑针，将两片缝合起来继续钩织（参照p.4）。接着钩织第2行。

3 根据图示钩织各主题花样，将主题花样缝到主体前片的相应位置。

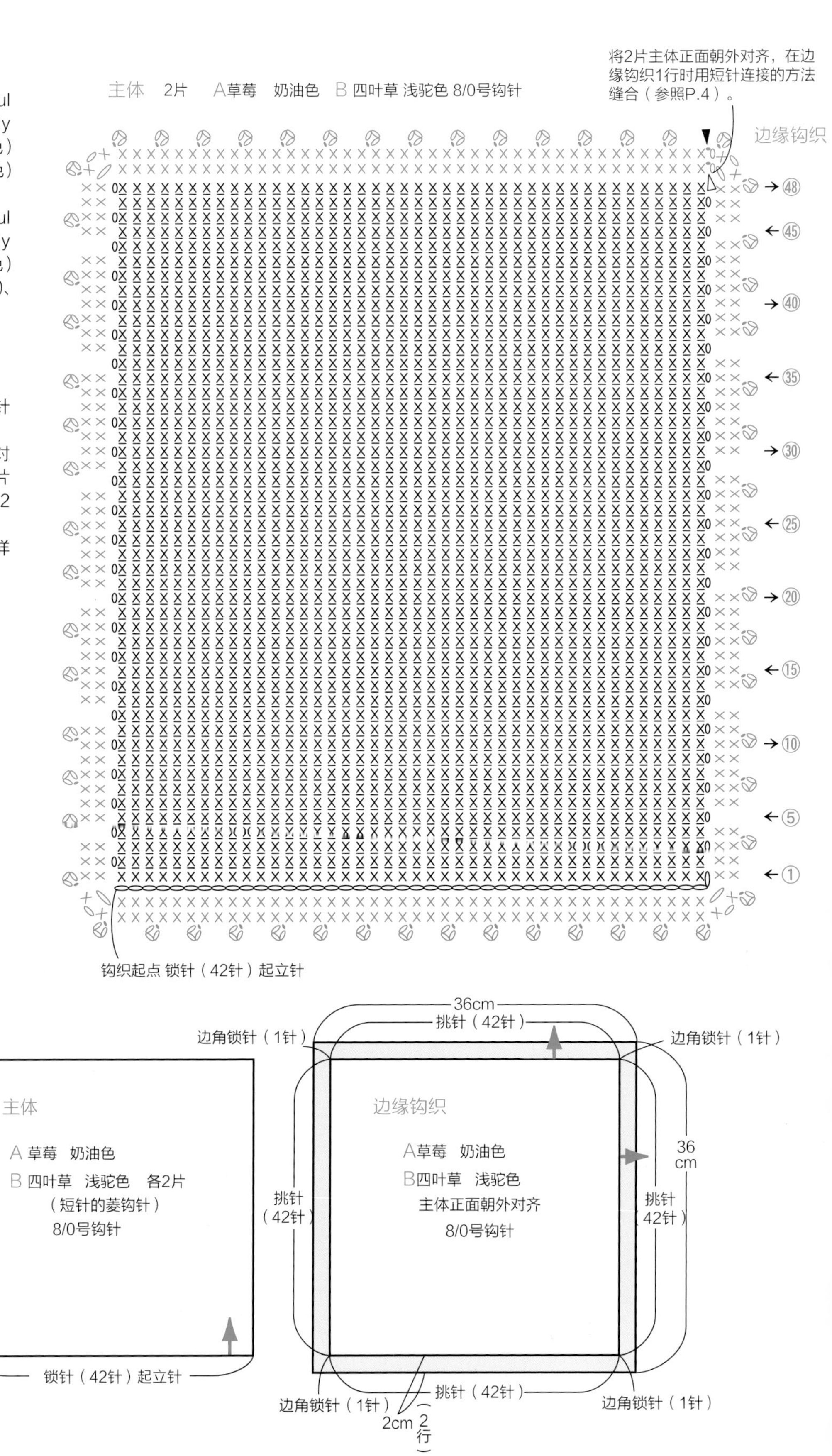

叶子 深绿色 4片

5.5 cm

④ ② ①

钩织起点 锁针（8针）起针

7cm

草莓果实 胭脂红色 5个

⑦ ⑥ ⑤ ④ ③ ② ① わ

将剩下的线塞进去，
线穿过钩织的6针后
收紧。

主题花样放置位置

沿着叶片
在边缘稍
往里处缝
合

沿着花芯
在边缘稍
往外处缝
合

3针

10针 5针 7针

15针

在草莓果实反面
2cm处和主体缝合，
茎在顶端处缝合。

花 本白色 4片

5 cm

② ① 环

花芯 柠檬黄色 4个

预留一些线，穿过
花朵中心将，花芯
缝在花朵上。

花瓣

花芯
（缝上）

将蒂和果实正面
朝外接合，用深
绿色线缝合。

蒂 深绿色 5枚

环

茎的长度按照锁针针数（3针、5针、7针、10针、15针）
分别钩织1枚。

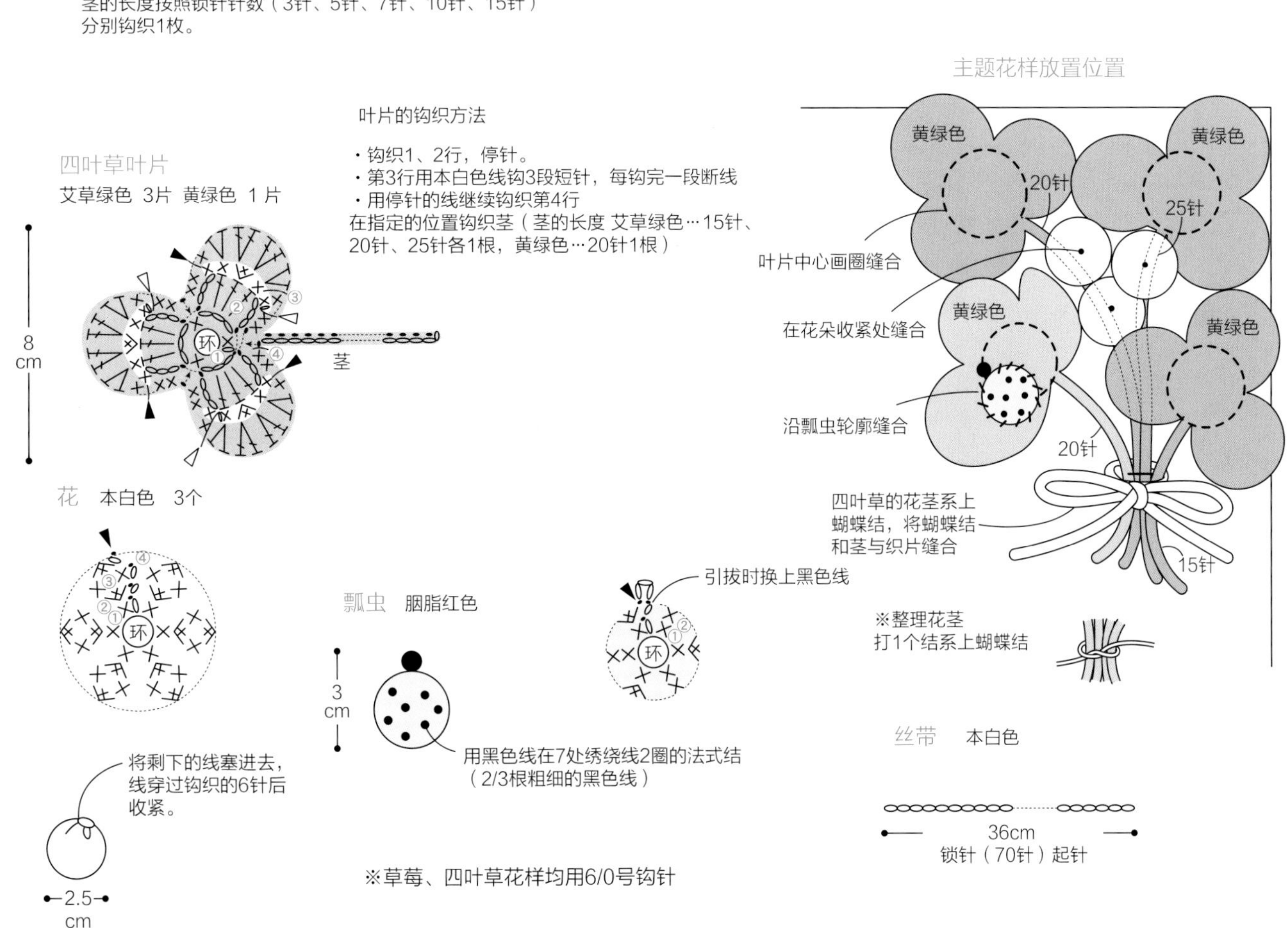

向日葵主题圆形坐垫

制作方法…p.58
设计…冈麻里子
制作…指田容子

朝气蓬勃的圆坐垫，
也很适合作为夏日的室内装饰呢。
交错排列的迷你向日葵，
总是灿烂地迎接太阳。

百日菊主题方形坐垫

制作方法…p.30
设计…冈麻里子
制作…指田容子

整整齐齐排列着的花朵就如同见到菊花坛一样呢。
不管是红色系还是蓝色系，都是非常漂亮显眼的颜色。

A

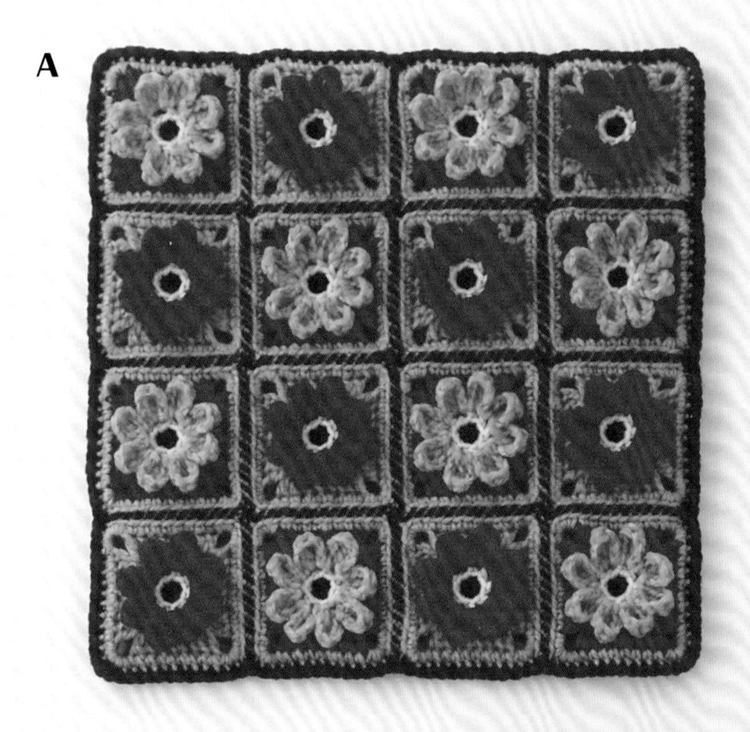

B

百日菊主题方形坐垫

作品展示…p.29

● 准备材料

A 线 Daruma手编线 Darshan中粗 /18（红色）…115g，6（橘色）…40g，40（粉色）…30g、37（胭脂红色）…25g，5（黄色）…10g

B 线 Daruma手编线 Darshan中粗 /12（蓝色）…115g、2（浅黄色）…40g，7（黄绿色）…30g，42（紫色）…25g，5（黄色）…10g

钩针 7/0号钩针

成品尺寸 边长35cm正方形

● 钩织方法（A·B 通用）

1 绕线作环形起针，按照指定的配色和片数钩织主体前·后片的花样。

2 将花样用挑半针的卷针拼接（参照p.10）。

3 主体的前后片正面朝外对齐叠合，两片一起挑针，接着钩短针，将前后片缝合连接（参照p.4）。

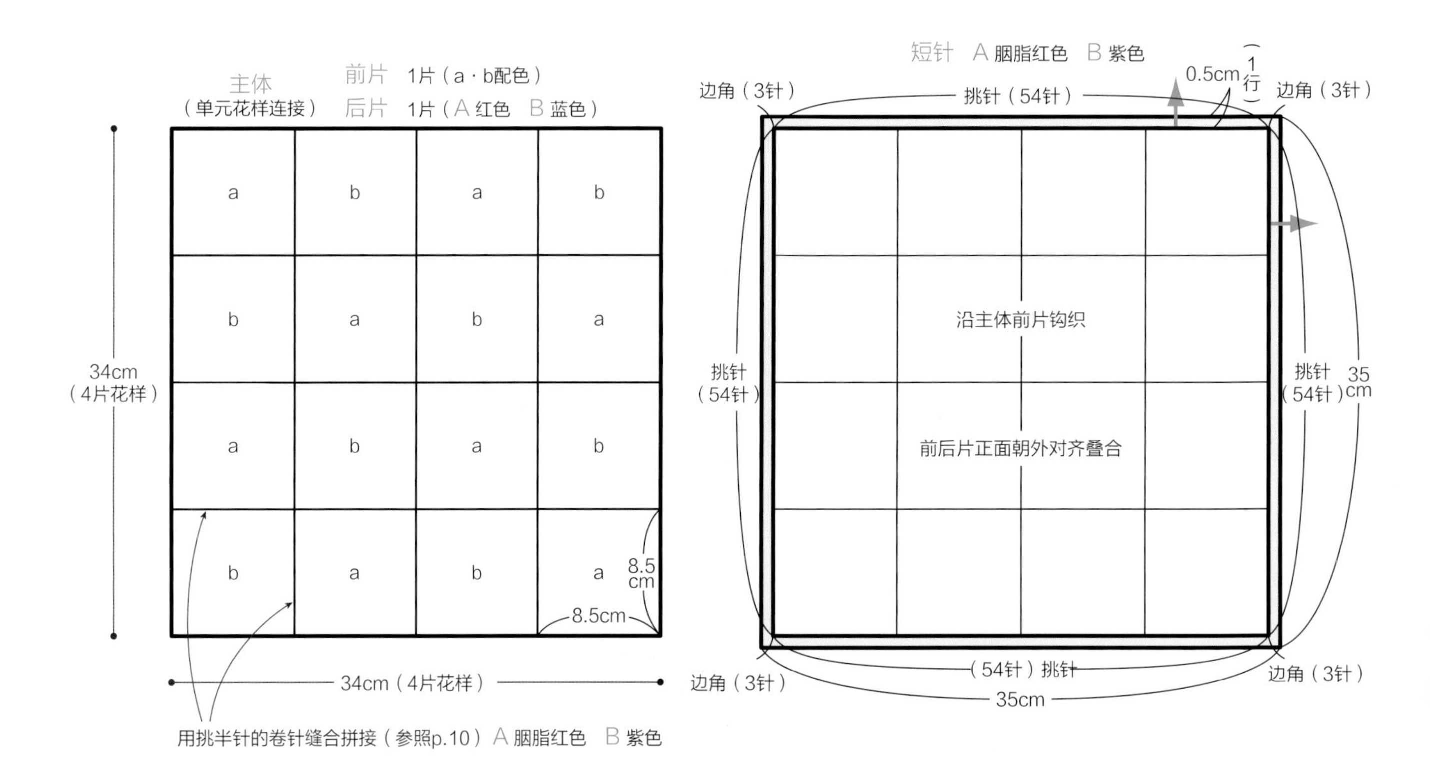

单元花样a · b的配色 各8片

作品	A		B	
花样	a	b	a	b
第6行	橘色	红色	浅黄色	蓝色
第5行	黄色		黄色	
第4行	粉色		黄绿色	
第2 · 3行	红色	橘色	蓝色	浅黄色
第1行	胭脂红色		紫色	

中心花样 后片 16片 （A 红色 B 蓝色）
前片 a 8片b 8片

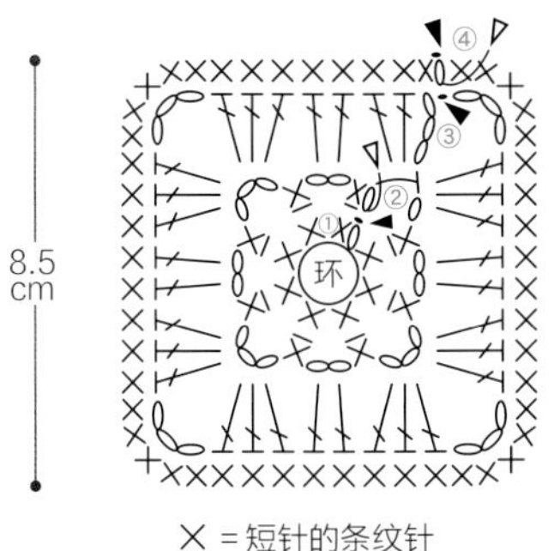

※第5行在第1行的短针内侧挑半针钩织。
第6行在第5行的外侧半针处挑针钩织。

X = 短针的条纹针

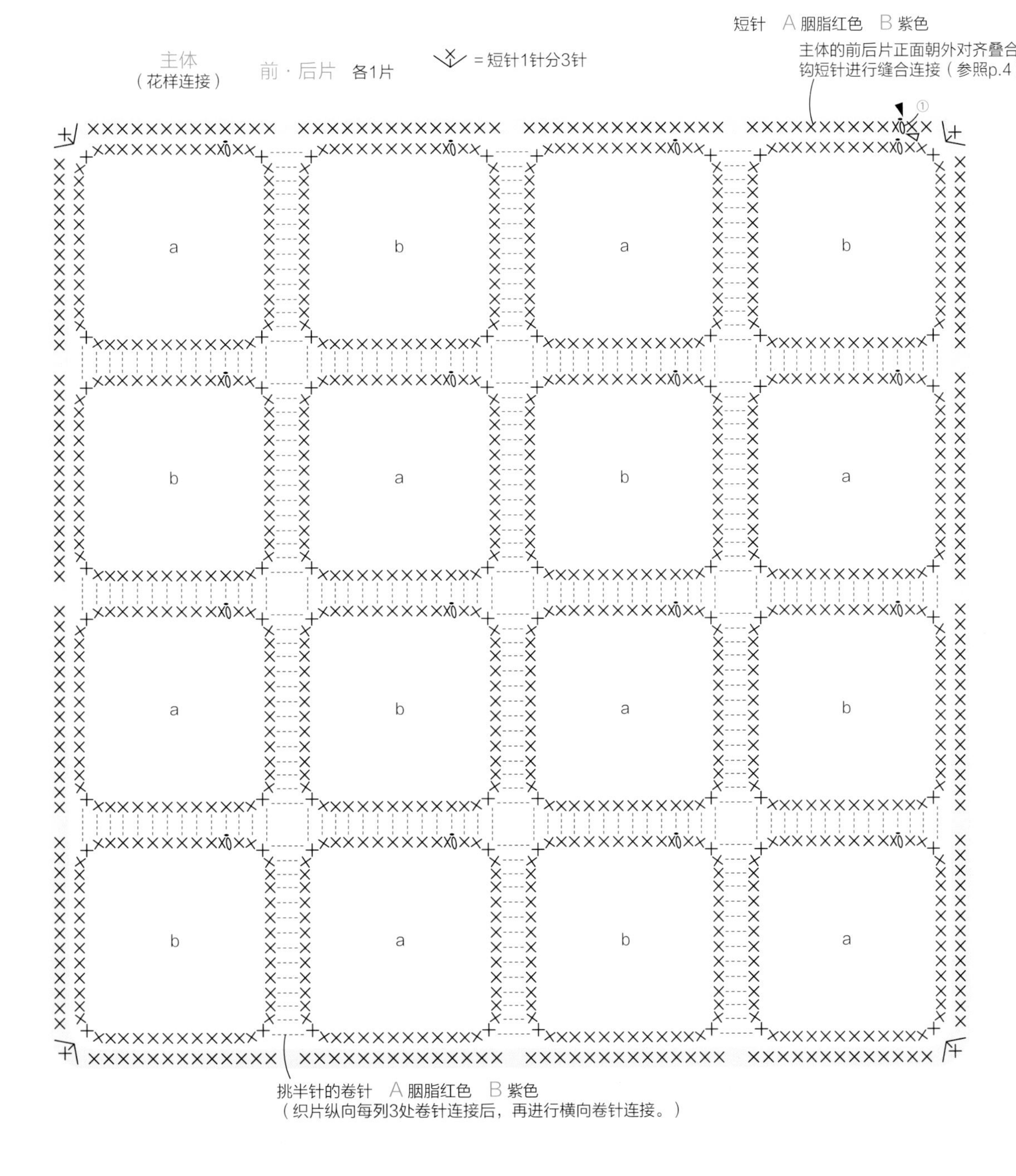

康乃馨花形坐垫

制作方法…p.34
设计…河合真弓
制作…关谷幸子

褶边花瓣层层堆叠而成的康乃馨坐垫，
也是超级棒的坐垫哦。

A

看起来朴素简单，却是非常好用的坐垫。
尝试多种多样的色彩给自己带来无尽快乐吧。

B

康乃馨花形坐垫

作品展示…A/p.32 B/p.33

● 准备材料

A 线 藤久 Wister jolly time Ⅱ /31（粉色）…220g，13（浅粉色）…70g

B 线 藤久 Wister jolly time Ⅱ /4（柠檬黄色）…220g，3（奶油色）…70g

钩针 6/0号钩针

成品尺寸 直径40cm

● 钩织方法（A·B 通用）

1 绕线作环形起针，钩织基底。

2 参照图示，在基底条纹针的内侧半针处挑针，在基底上钩织花瓣。

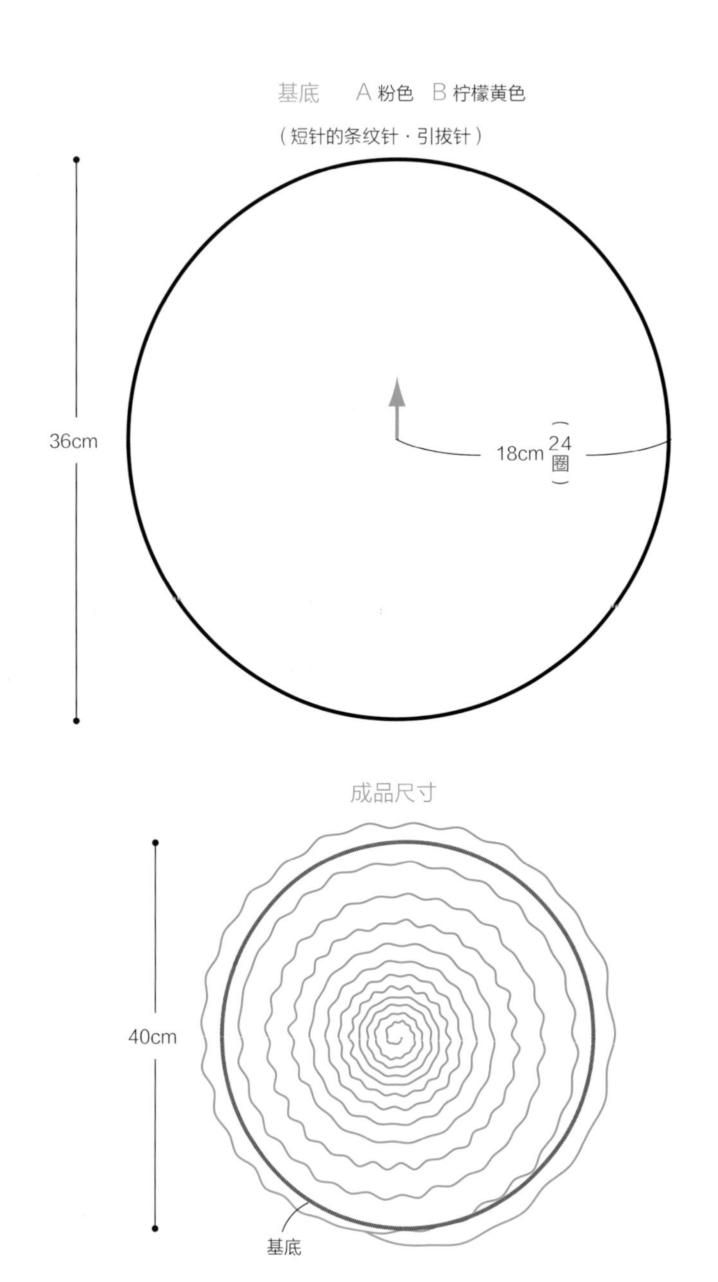

基底的加针数

圈数	针数	加针数
24	170针	
23	170针	
22	170针	每圈加10针
21	160针	
20	150针	
19	150针	每圈加10针
18	140针	
17	130针	
16	130针	每圈加10针
15	120针	
14	110针	
13	100针	
12	90针	
11	90针	加10针
10	80针	每圈加8针
9	72针	
8	64针	
7	56针	
6	48针	
5	40针	
4	32针	
3	24针	
2	16针	
1	8针	

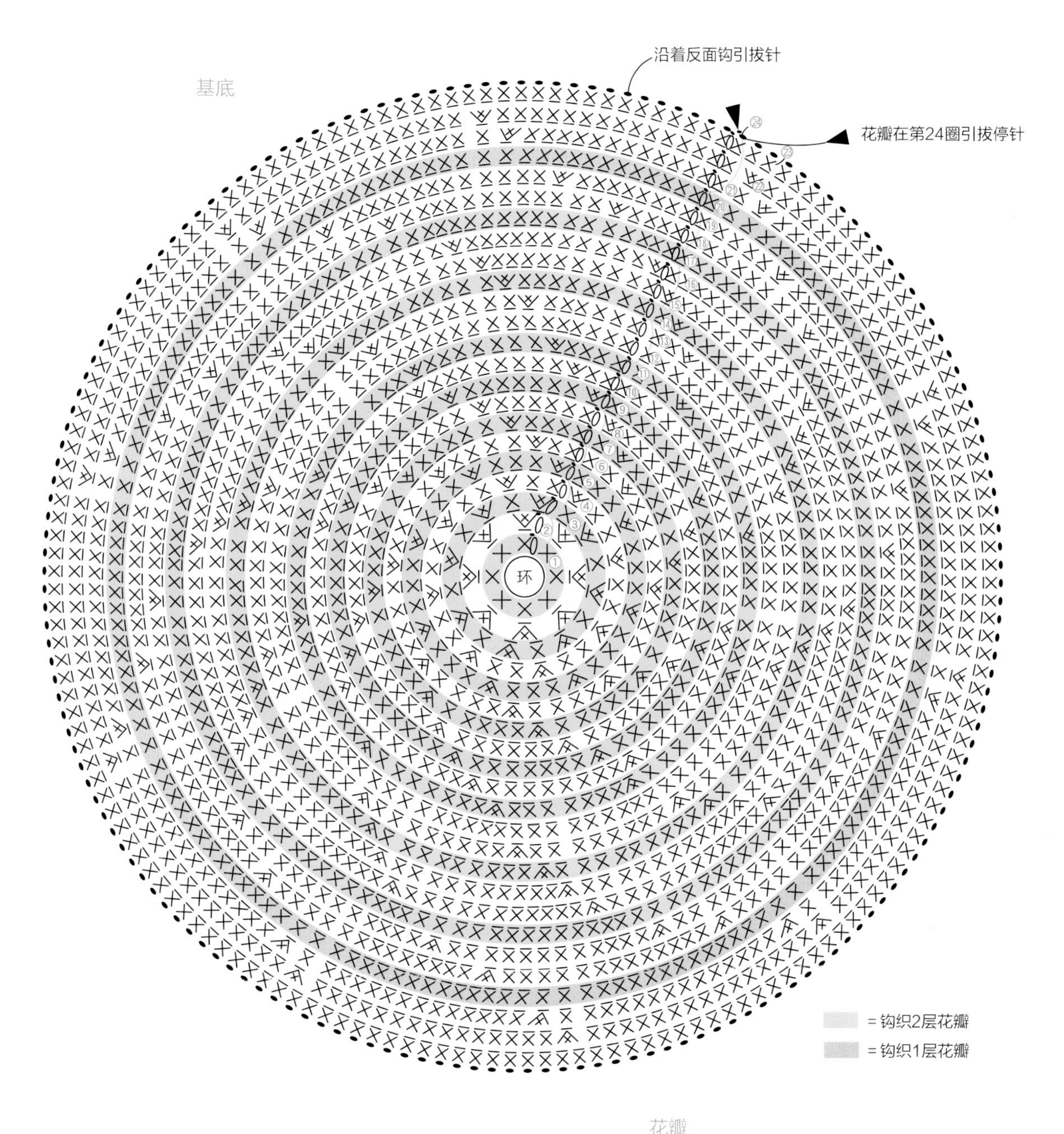

花瓣

※ 在基底条纹针所剩的内侧的半针处挑针，在基底 · 上一圈一圈地钩织花瓣。
第1圈（花瓣下层）在基底的最后一行引拔停针。
花瓣的第2圈（花瓣上层）钩织到基底的17圈，
基底的第20圈只钩织花瓣的第1层。

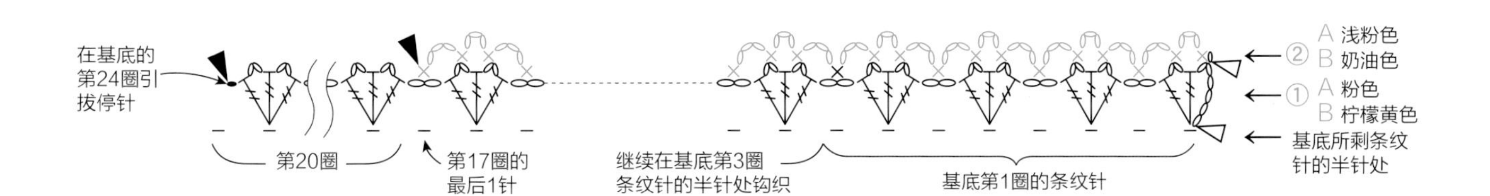

银莲花花形坐垫

制作方法…p.38
设计 & 制作…松本薰

引人注目的大银莲花即使单独摆放着也
散发出纯美俏皮感的室内装饰。
鲜亮的色彩十分可爱。

3 个整齐排列的坐垫营造出一种简约的北欧织物风。
那么在每天的生活中感受来自北欧的风情吧。

银莲花花形坐垫

作品展示…A/p.36.37 B.C/p.37

● 准备材料

A 线 藤久 Wister colorful mate /61（朱红色）…140g，52（本白色）…30g，72（黑色）…20g

B 线 藤久 Wister colorful mate /83（蓝色）…140g，52（本白色）…30g，72（黑色）…20g

C 线 藤久 Wister colorful mate /52（本白色）…140g，57（浅粉色）…30g，72（黑色）…20g，74（粉色）…10g

钩针 7/0号针 成品尺寸 直径38cm

● 钩织方法（A·B·C 通用）

1 绕线作环形起针，钩织基底。花瓣每钩织完1片就断线再继续钩织。

2 在基底的外围钩织短针和中长针，钩1圈。

3 在基底条纹针的内侧半针处挑针，在基底上钩织花芯。

4 下层的花瓣在基底条纹针（第8行的反面）的外侧半针处挑针，按照和基底相同方法钩织。

基底的配色

圈数	A	B	C
花瓣	朱红色	蓝色	本白色
8・9	本白色	本白色	浅粉色
5～7	朱红色	蓝色	粉色
1～4	黑色	黑色	黑色

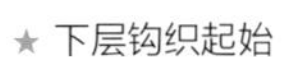

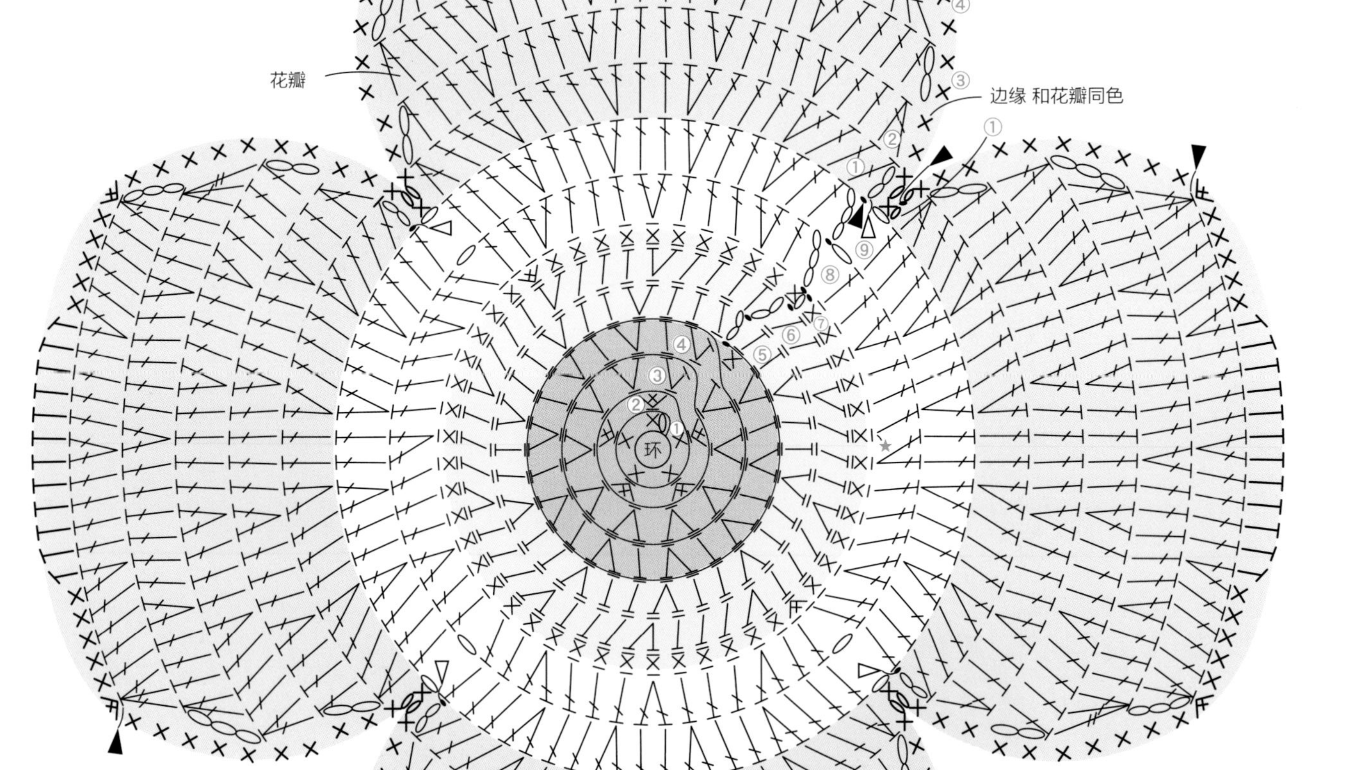

中心的加针数

圈数	针数	加针数
9	84针	每圈加16针
8	68针	
7	52针	加2针
6	50针	每圈加10针
5	40针	
4	30针	
3	20针	
2	10针	加5针
1	5针	

无需钩织下一圈的起立针，用绕圈的方法不断地钩织。（第1～4圈）

※第8行的条纹针只在内侧半针处挑针。

①·②
在基底的条纹针的内侧半针处钩织花芯。

③
下层的花瓣在基底★的反面挂线，在第7行外侧的半针处挑针，按照和基底第8行之后相同的钩织方法，根据配色钩织。

花芯和下层花瓣的配色

	A	B	C
花瓣	朱红色	蓝色	本白色
花芯	黑色	黑色	黑色

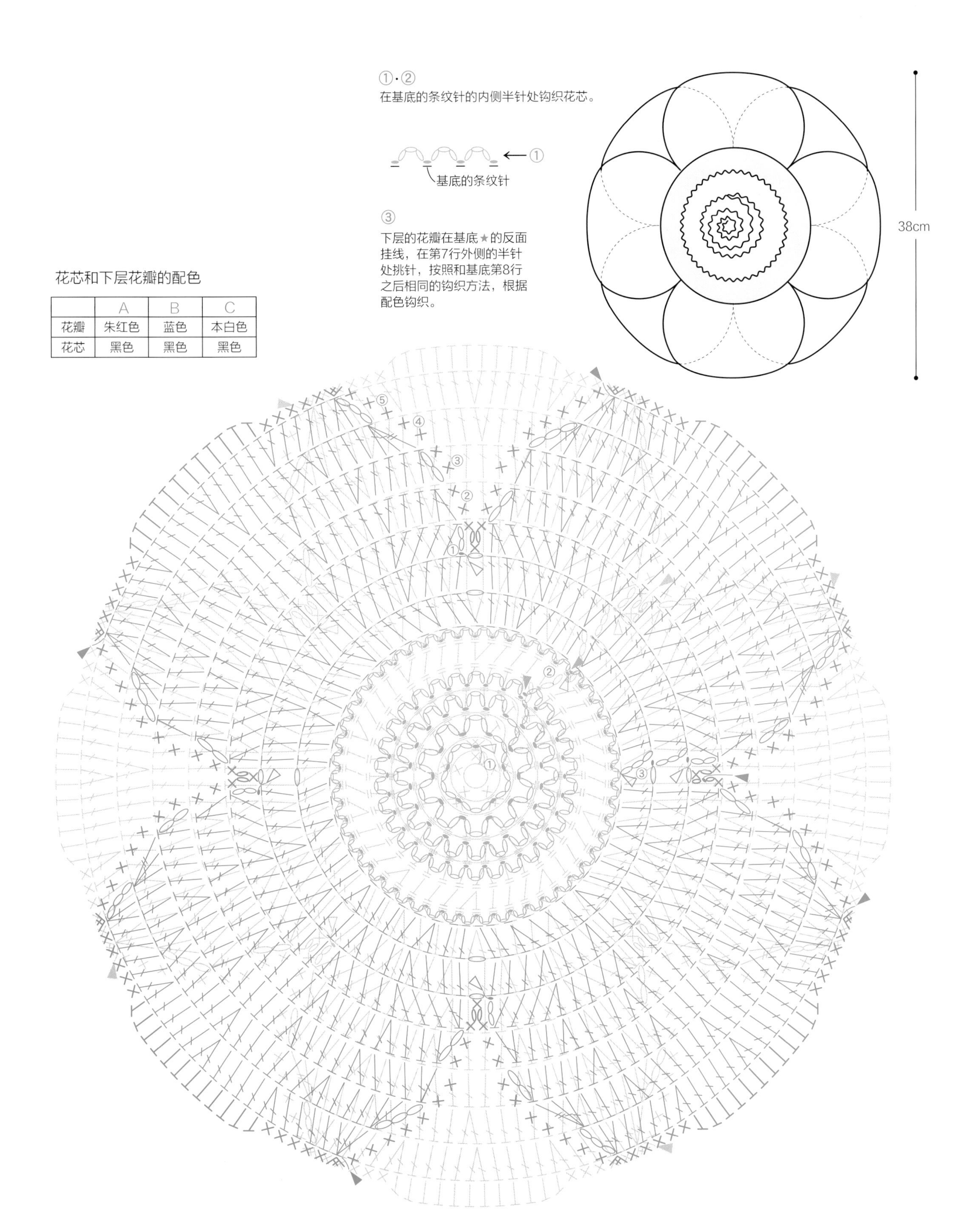

樱草花形坐垫

制作方法…p.42
设计 & 制作…镰田惠美子

仿佛刚从庭院里采摘下来的樱草，
绚丽多彩的花朵环绕在翩翩绿叶之中。

A

清爽的蓝色系，可爱的粉色系。
钩织不同的色彩，装点你的室内或庭院吧。

樱草花形坐垫

作品展示…A/p.40 B.C/p.41

● 准备材料

A 线 Hamanaka Bonny/493（抹茶色）…220g，442（本白色）、446（黄色）…各30g，414（橘色）…25g，433（金黄色）…10g

B 线 HAMANAKA Bonny/476（黄绿色）…220g，442（本白色）、472（浅蓝色）…各30g，462（蓝色）…25g，432（柠檬黄色）…10g

C 线 HAMANAKA Bonny/407（浅绿色）…220g，405（浅粉色）、474（粉色）…各30g，496（浅紫色）…25g，478（奶油色）…10g

钩针 7/0号钩针

成品尺寸 直径35cm

● 钩织方法（A·B·C 通用）

1 绕线作环形起针，钩织2片主体。
2 将主体正面朝外对齐，用挑半针的卷针合并。
3 单元花样和叶片分别按照指定的配色和个数钩织。
4 参照组合方法将花样和叶片与主体缝合。

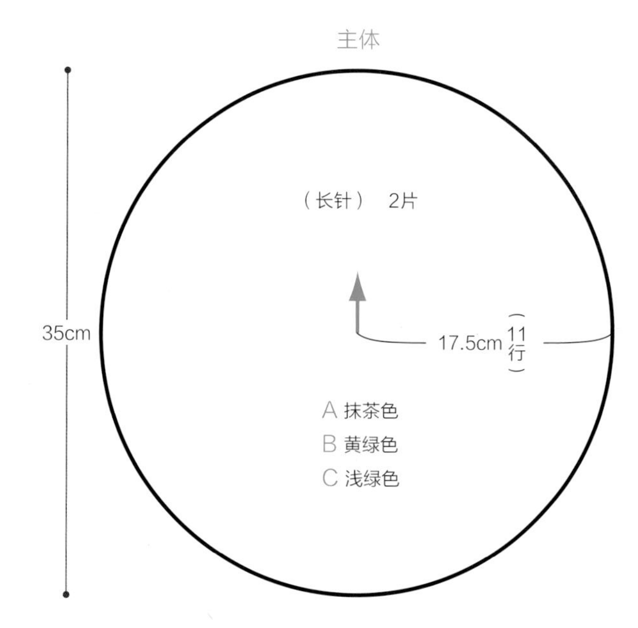

主体 （长针） 2片

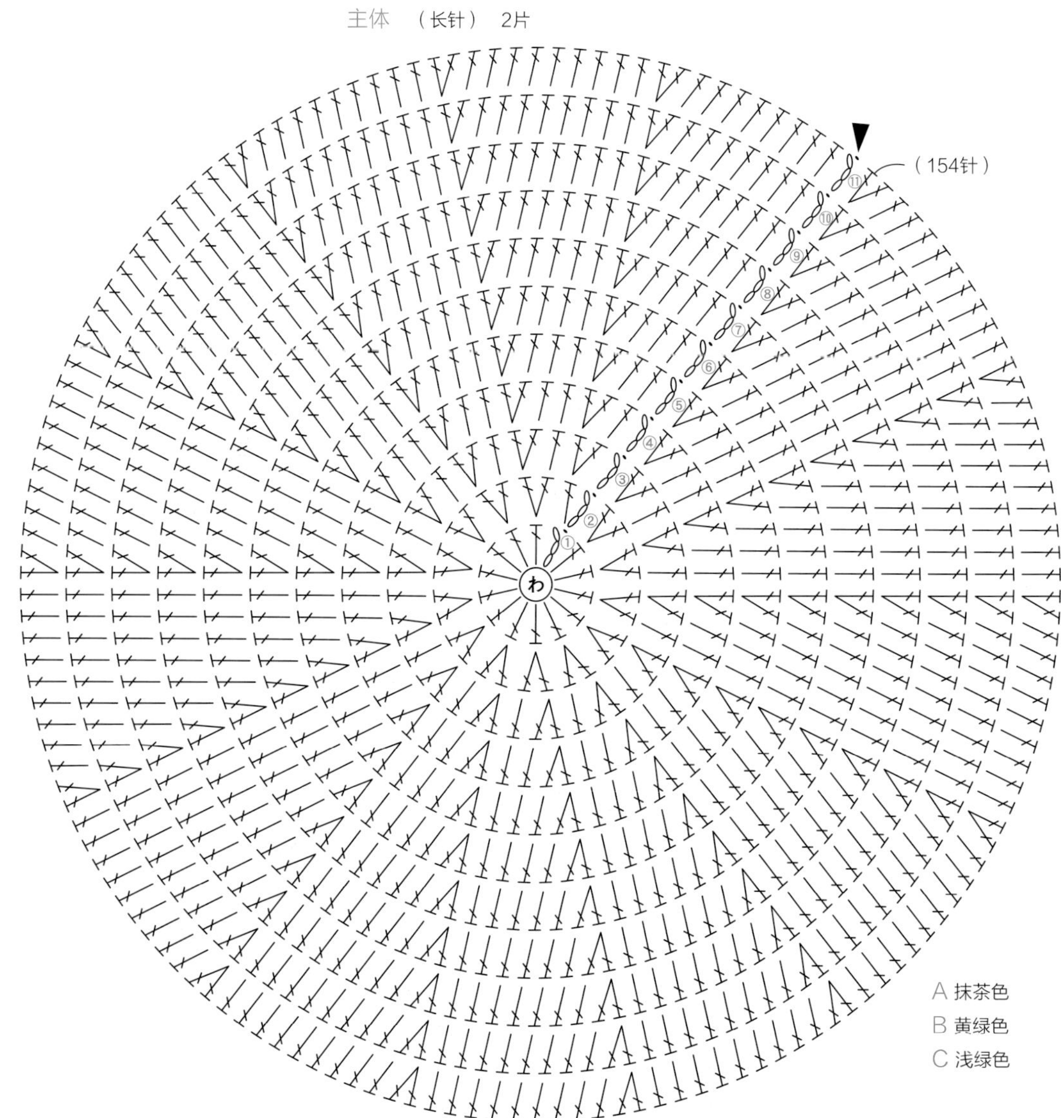

花片

a・b・c色　各4片

8.5cm

A 花片配色

	a	b	c
3圈	橘色	浅黄色	本白色
2圈	金黄色	本白色	黄色
1圈	抹茶色	橘色	金黄色

B 花片配色

	a	b	c
3圈	蓝色	浅蓝色	本白色
2圈	浅蓝色	本白色	柠檬黄色
1圈	黄绿色	柠檬黄色	黄绿色

C 花片配色

	a	b	c
3圈	粉色	浅紫色	浅粉色
2圈	奶油色	浅粉色	粉色
1圈	浅绿色	奶油色	浅绿色

叶片　　A 抹茶色

22片　　B 黄绿色

　　　　C 浅绿色

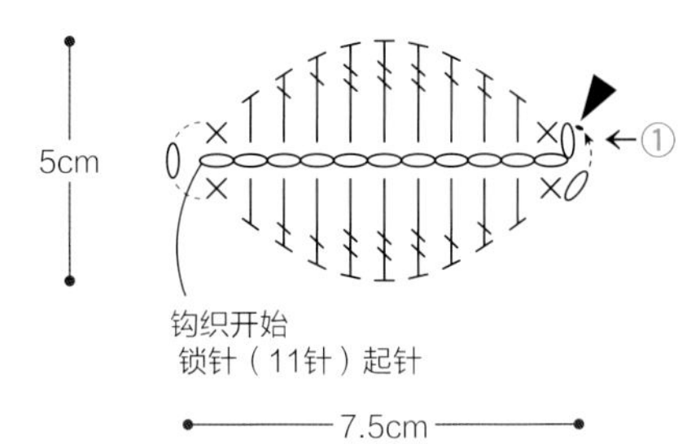

主体的加针数

圈数	针数	加针数
11	154针	每圈加14针
10	140针	
9	126针	
8	112针	
7	98针	
6	84针	
5	70针	
4	56针	
3	42针	
2	28针	
1	14针	

组合方法

A・B・C 通用

①叶片在顶端距离主体3cm处缝合。

②使花瓣稍稍浮起来缝合花朵。

主体
正面朝外对齐叠合，用挑半针的卷针合并。

毛绒绒动物圆形坐垫

制作方法…p.46,47,57
重点课程…p.4
设计 & 制作…藤田智子

好像真的小动物一样，柔柔软软的坐垫
配上猫耳和熊耳简直可爱爆棚！
放在大人房间里也很合适呢。

相同的主体，这边是搭配动物脸的小刺猬和小绵羊哦。
C 小刺猬
D 小绵羊

毛绒绒动物圆形坐垫

作品展示 & 重点课程…A.B/p.44 C.D/p.45&p.4

● 准备材料

A（猫）线　藤久　Wister colorful mate /54（浅驼色）…265g

B（熊）线　藤久　Wister colorful mate /86（浅茶色）…265g

C（刺猬）线　藤久　Wister colorful mate /68（灰色）…230g，54（浅驼色）…15g，67（茶色）…少量

D（绵羊）线　藤久　Wister colorful mate /52（本白色）…230g，72（黑色）…30g

钩针　7/0号钩针、8/0号钩针　成品尺寸　直径35cm

● 钩织方法（A·B·C·D 通用）

1　绕线作环形起针，钩织主体（参照p.4）。

A（猫）

2　绕线作环形起针，根据图示用7/0号钩针和8/0号钩针钩织猫耳。正面朝外对齐，用挑全针的卷针合并（参照p.10）。钩织2片相同的猫耳。

3　用7/0号钩针将钩织好的猫耳和主体缝合使坐垫呈现猫咪形状。

B（熊）

2　绕线作环形起针，根据图示钩织熊耳。将熊耳正面朝外对折，圆边用挑全针的卷针缝合（参照p.10）。钩织两片。

3　将熊耳和主体缝合。

C（刺猬）

2　绕线作环形起针，根据图示钩织刺猬的鼻子和面部。

3　面部将指定位置折起，钩织终点处用卷针缝合（参照p.10）。把鼻头的线收紧，缝在面部的顶端。

4　将刺猬面部和主体缝合。

D（绵羊）

2　绕线作环形起针，根据图示钩织绵羊的面部，钩织终点处用卷针缝合（参照p.10）。

3　锁针11针起针，根据图示钩织耳朵。

4　将耳朵缝到面部。

5　将面部和主体缝合。

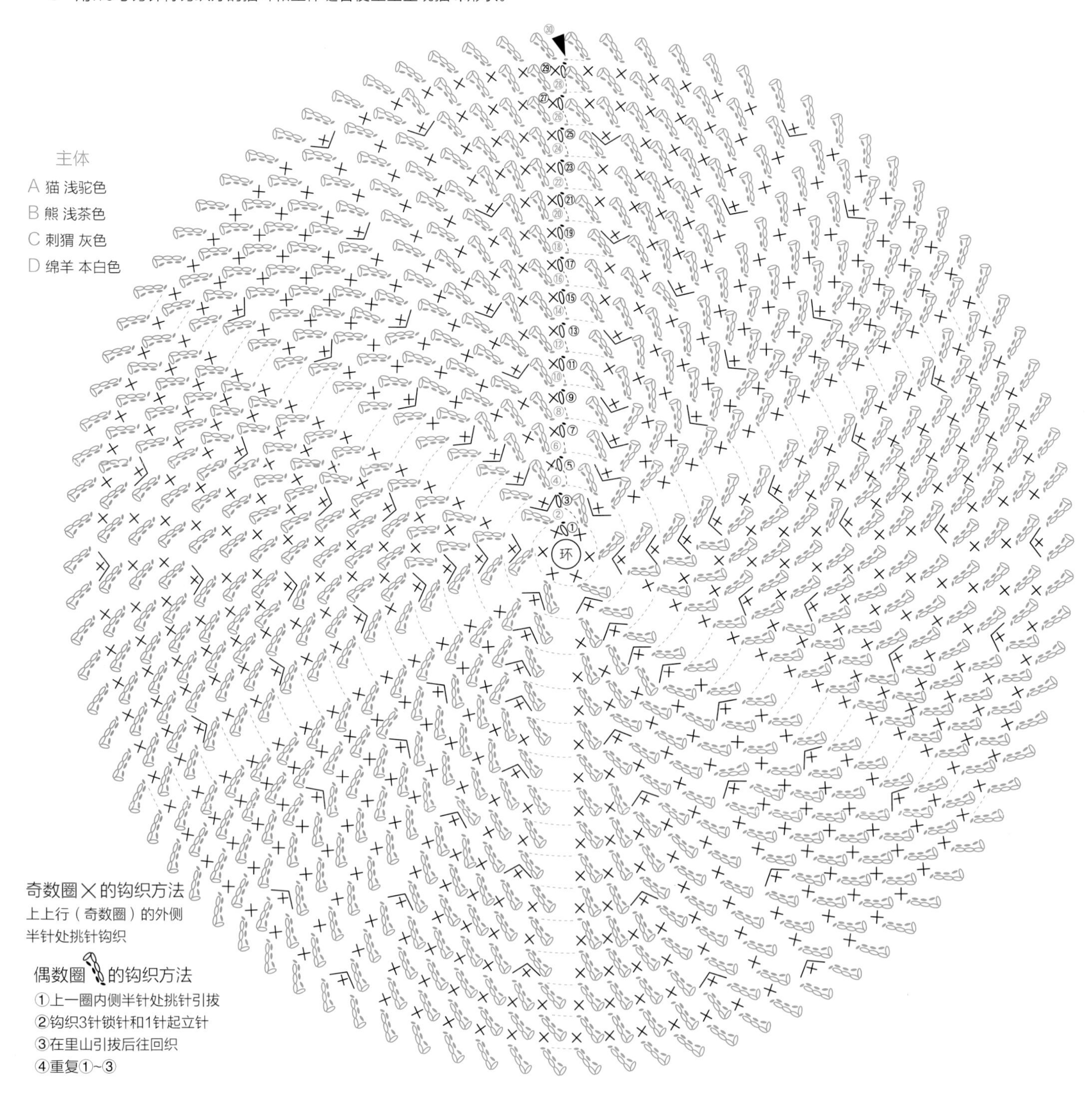

※C 刺猬・D ※绵羊的面部的钩织方法、组合方法请参照p.57.

主体 8/0号钩针
A・B・C・D 通用

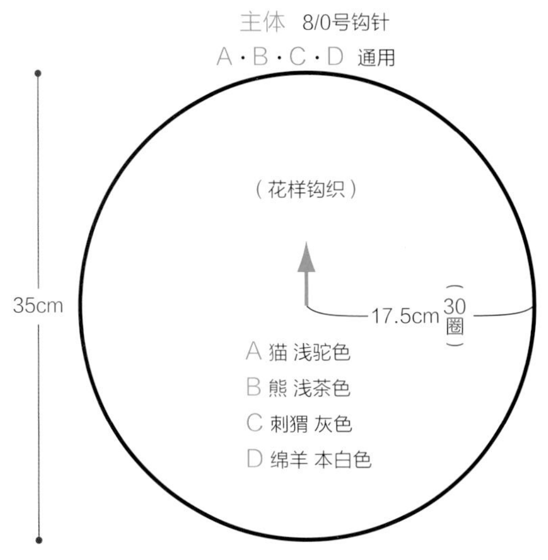

A 组合方法

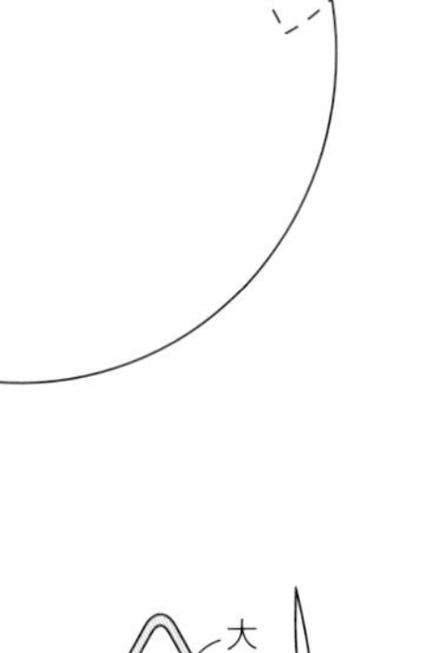

猫耳 浅驼色
小 7/0号钩针…2片
大 8/0号钩针…2片

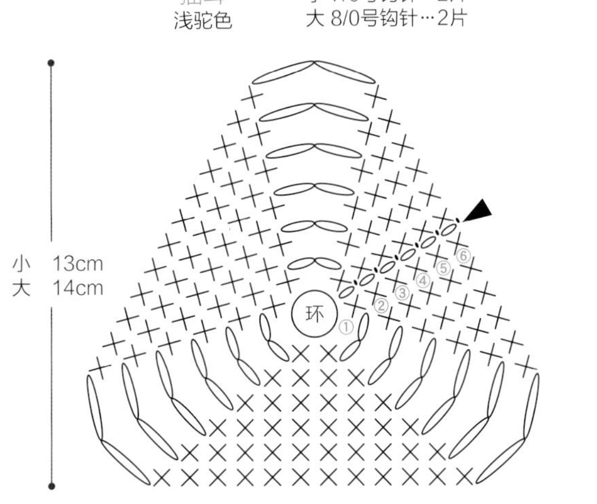

大・小片正面朝外对齐叠合，用挑全针的卷针缝合（参照p.10）。

主体的加针

圈数	针数・花样数	加针数
30	90个花样	
29	90针	在奇数圈（钩短针的圈）加6针
28	84个花样	
27	84针	
26	78个花样	
25	78针	
24	72个花样	
23	72针	
22	66个花样	
21	66针	
20	60个花样	
19	60针	
18	54个花样	
17	54针	
16	48个花样	
15	48针	
14	42个花样	
13	42针	
12	36个花样	
11	36针	
10	30个花样	
9	30针	
8	24个花样	
7	24针	
6	18个花样	
5	18针	
4	12个花样	
3	12针	
2	6个花样	
1	6针	

B 整理方法

熊耳 浅茶色 2片

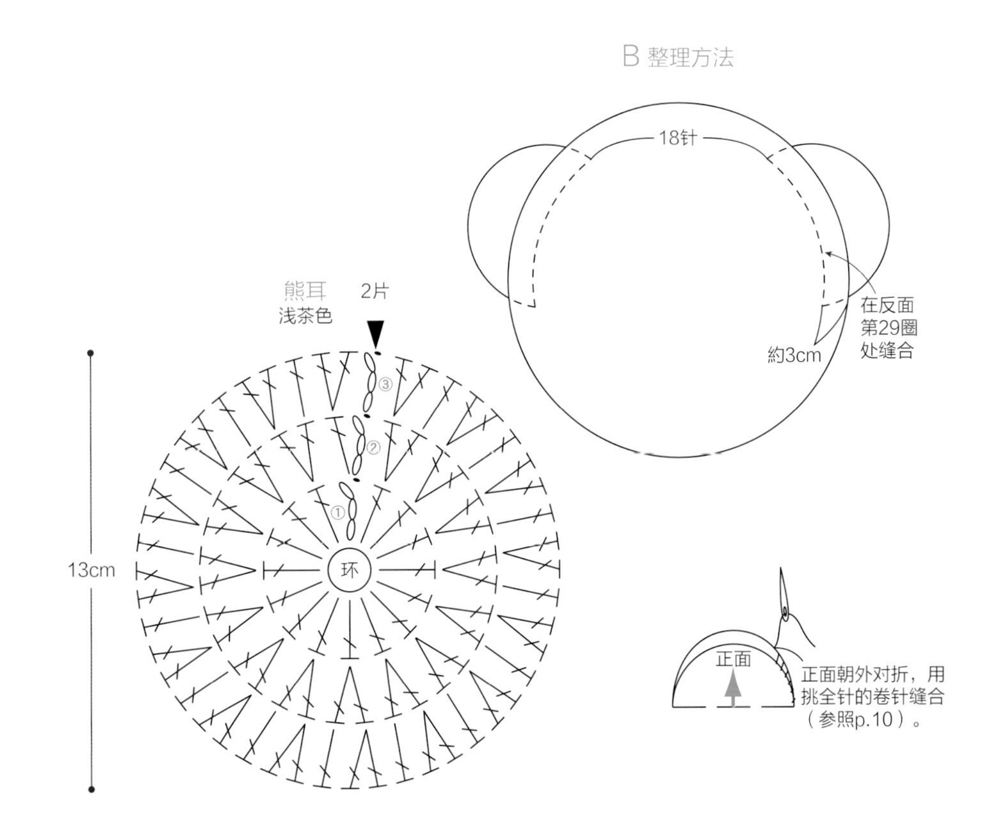

阿兰花样方形坐垫

制作方法…p.50
重点课程…p.6,7
设计 & 制作…武田敦子

如同一幅树木写真的画作，优美、神秘。
看起来好像有难度，其实只要用外钩针就能将华丽的外表全部展现哦，一定要挑战一下！

A

胭脂红色的坐垫用来打盹儿再合适不过了。
好想坐在上面过个暖暖的冬天～

B

阿兰花样方形坐垫

作品展示 & 重点课程…A/p.48 B/p.49&p.6.7

● 准备材料

A 线 藤久 Wister colorful mate /56（土黄色）…275g

B 线 藤久 Wister colorful mate /76（胭脂红色）…275g

钩针 7/0号钩针

成品尺寸 边长36cm正方形

● 钩织方法（A·B通用）

1 锁针43针作起立针，短针钩织主体的后片后，钩织主体前片的花样（参照p.6.7）。

2 将前片和后片正面朝外对齐叠合，用短针连接边缘花样的第1行（参照p.4）。接着钩织边缘花样的第2行。

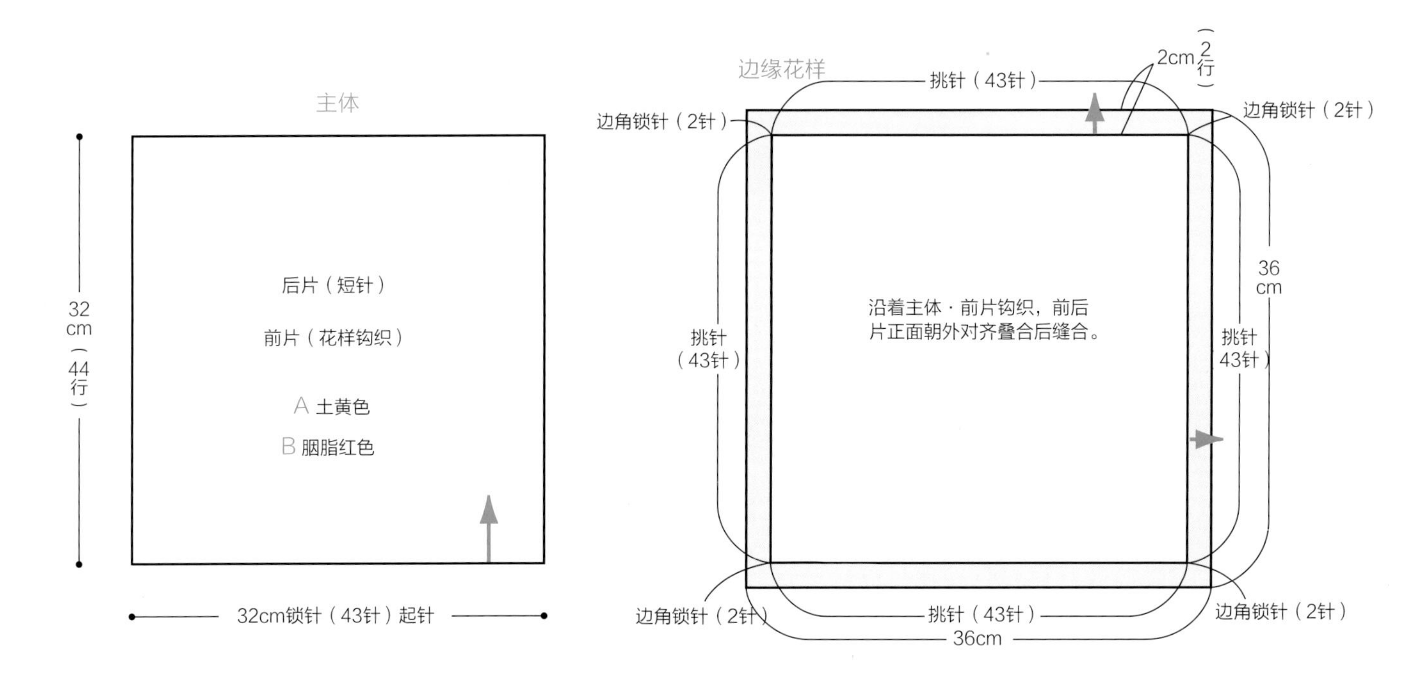

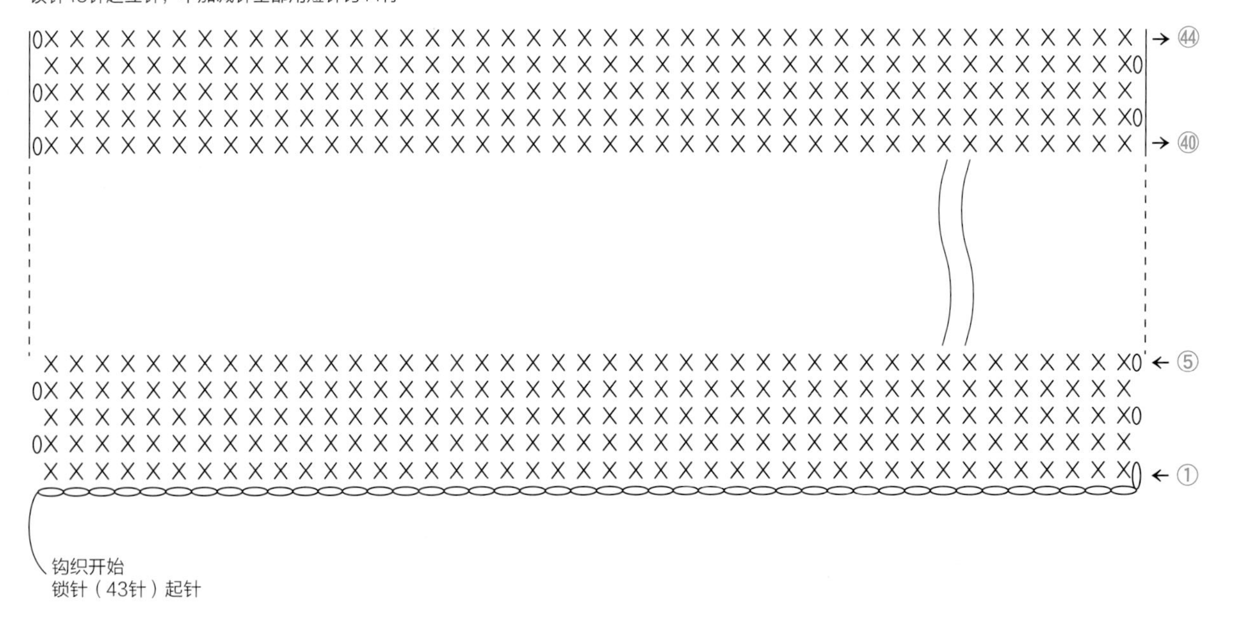

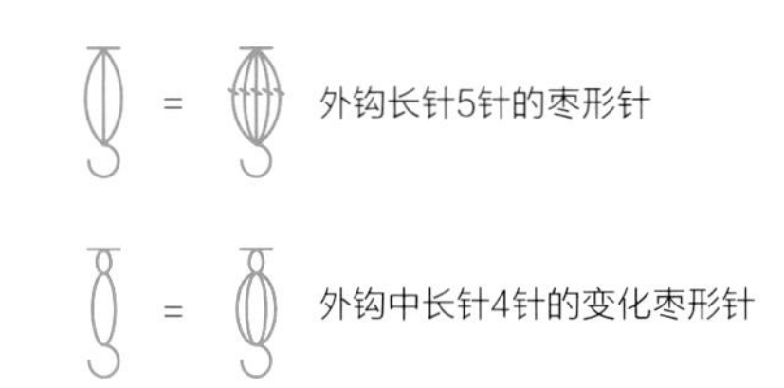

边缘花样

主体·前片 （花样钩织）

玫瑰图案方形坐垫

制作方法…p.54
重点课程…p.5
设计 & 制作…芹泽圭子

玫瑰和千鸟格图案的可爱坐垫。
雅致的黑色、复古的红色。喜欢哪一款呢?

反面

驯鹿和老鹰图案方形坐垫

制作方法…p.55,59
重点课程…p.5
设计 & 制作…芹泽圭子

驯鹿和老鹰图案，是北欧的传统花纹。
将颜色对调，双面使用十分有趣。

反面

玫瑰图案方形坐垫

作品展示 & 重点课程…A/p.52&p.5

● 准备材料

A 线　藤久　Wister colorful mate /54（浅驼色）…150g, 72（黑色）…110g

B 线　藤久　Wister colorful mate /52（本白色）…150g, 62（红色）…110g

钩针　8/0号钩针

成品尺寸　边长37cm正方形

● 钩织方法（A·B通用）

1　锁针96针起针首尾连接作环。

2　钩织主体前片的短针条纹针的织花样A、主体后片的短针条纹针的织花样B（参照p.5）。

3　起针一侧、钩织终点一侧均正面朝外，用挑半针的卷针合并（参照p.10）。

37cm（42行）

环

主体

前片（短针条纹针的织入花样A）

后片（短针条纹针的织入花样B）

37cm（48针）

锁针（96针）起针

环

□ = 浅驼色（A）　本白色（B）

■ = 黑色（A）　红色（B）

╳（短针的条纹针）

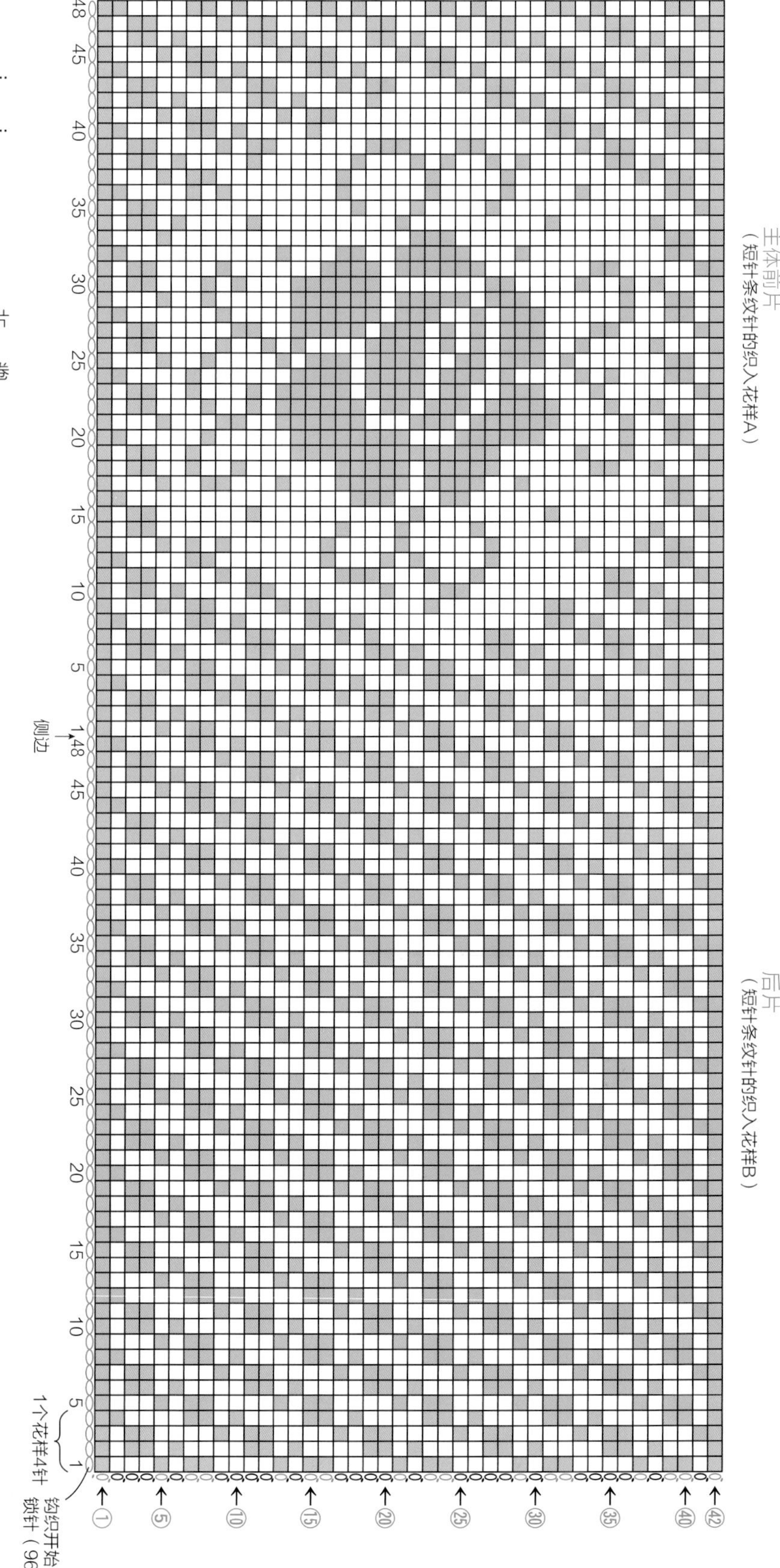

驯鹿和老鹰图案方形坐垫

作品展示…p.53

● 准备材料

驯鹿 线 藤久 Wister colorful mate /89（艾草绿色）…130g，52（本白色）…125g
老鹰 线 藤久 Wister colorful mate /167（茶色）…140g，54（浅驼色）…125g
钩针 8/0号钩针
成品尺寸 边长37cm正方形

● 钩织方法（驯鹿&老鹰通用）

1 锁针96针起针首尾相连作环。
2 钩织主体的短针条纹针的织入花样，前片和后片的配色相反。
3 起针一侧、钩织终点一侧均正面朝外，用挑半针的卷针合并（参照p.10）。

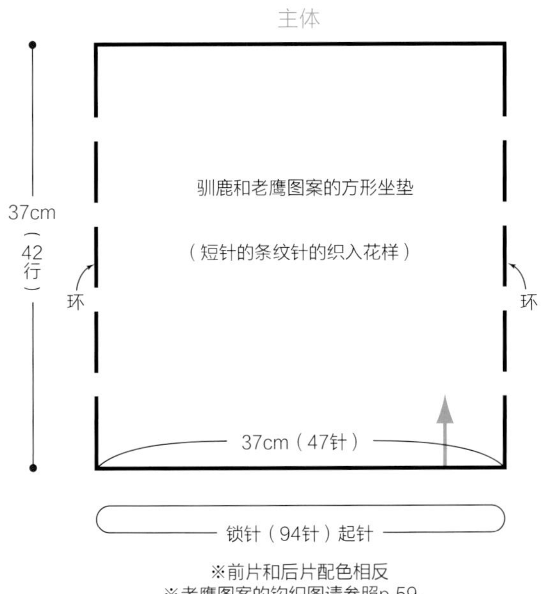

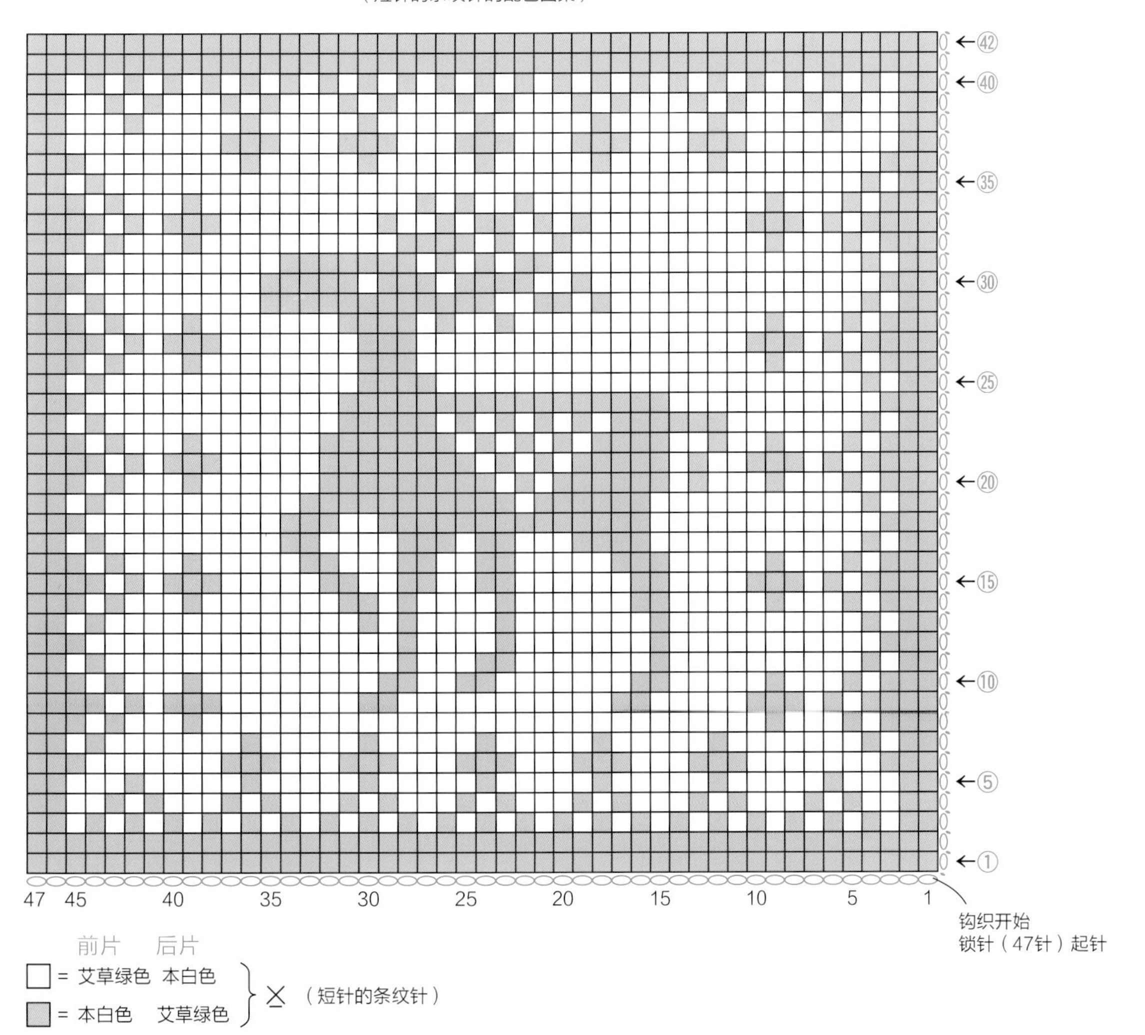

本书所使用的毛线介绍

图片与实物等大

1 HamanakaBonny　Hamanaka（株）
腈纶（抗菌防臭）100%　50g 线团　约 60m　62 色　钩针 7.5/0 号

2 Wister jolly time Ⅱ　藤久（株）
腈纶（抗菌防臭）100%　50g 线团　约 88m　25 色　钩针 6/0 号

3 Wister colorful mate　藤久（株）
腈纶（抗菌防臭）100%　50g 线团　约 60m　29 色　钩针 7/0 号

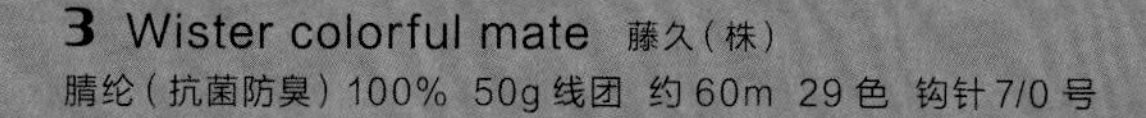

4 Darshan 中粗　横田（株）· Daruma 手编线
腈纶 100%　45g 线团　约 85m　29 色　钩针 7/0 ~ 8/0 号

* 有关用线的详情请咨询以下

HAMANAKA（株）　TEL 075-463-5151（代）
邮编 616-8585 京都市右京区花园薮下町 2 番地 3 号
http://www.hamanaka.co.jp

藤久（株）　TEL 0120-478020（免费电话）
邮编 465-8511 名古屋市名东区高社一丁目 210 番地
http://www.crafttown.jp/
※ 有关藤久株式会社毛线邮购详情请咨询以下
Shugale.com（邮购）TEL 0120-081000（免费电话）
邮编 465-8555 名古屋市名东区猪子石二丁目 1607 番地
http://www.shugale.com/

横田（株）· Daruma 手编线　TEL 06-6251-2183
邮编 541-0058 大阪市中央区久宝寺町 2-5-14
http://www.daruma-ito.co.jp

*1~4 从左起为材质→规格→线长→颜色数目。
* 颜色数目以 2014 年 10 月为标准。
* 由于印刷品的原因，存在一定程度的色差问题。

※上接p.46,47毛绒绒动物圆形坐垫

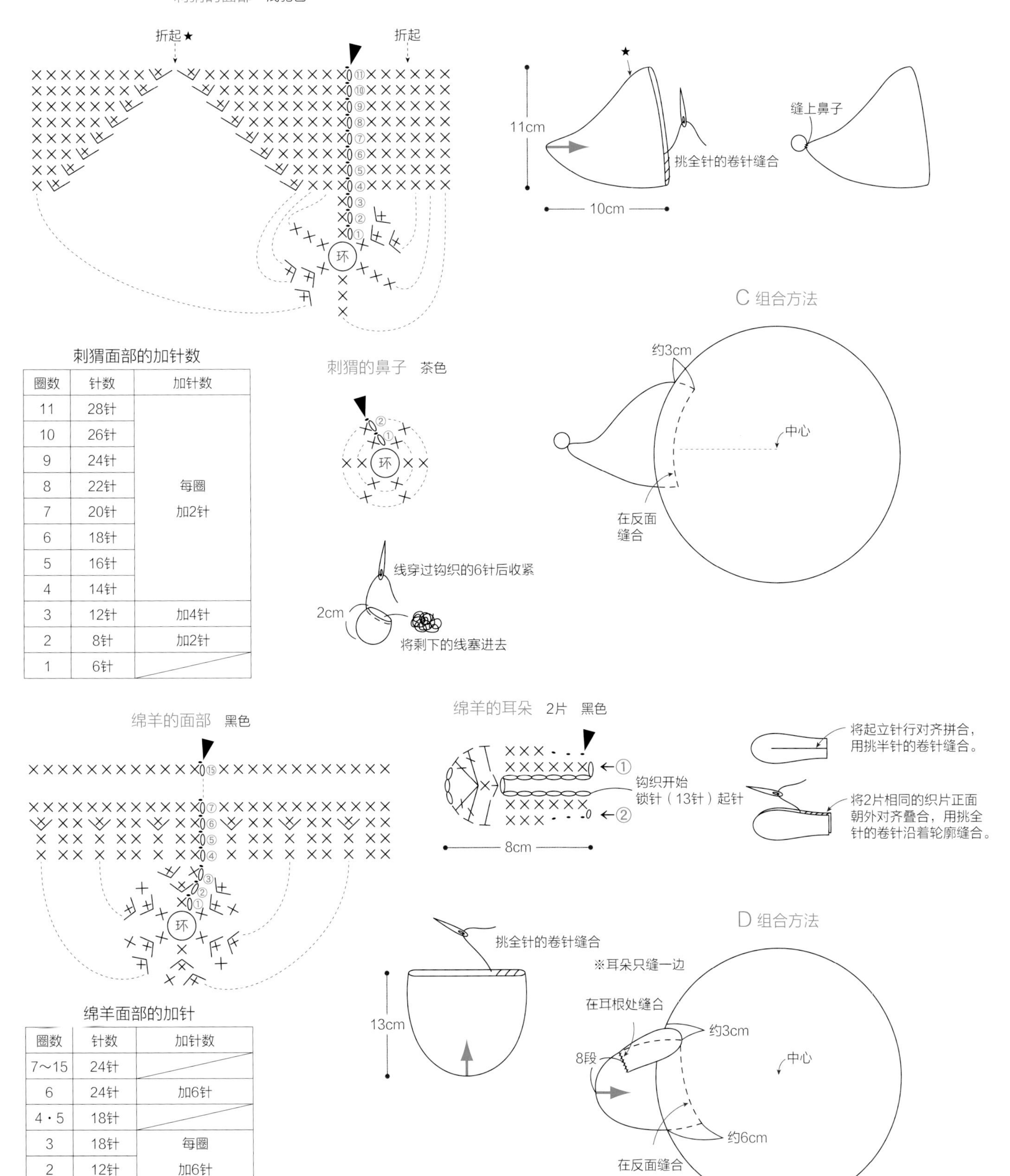

刺猬面部的加针数

圈数	针数	加针数
11	28针	每圈加2针
10	26针	
9	24针	
8	22针	
7	20针	
6	18针	
5	16针	
4	14针	
3	12针	加4针
2	8针	加2针
1	6针	

绵羊面部的加针

圈数	针数	加针数
7～15	24针	
6	24针	加6针
4・5	18针	
3	18针	每圈加6针
2	12针	
1	6针	

※C・D部分均用8/0号钩针钩织。

向日葵主题圆坐垫

作品展示…p.28

● 准备材料

线　藤久　Wister colorful mate /88（黄绿色）…90g，87（柠檬黄色）…70g，55（黄色）…15g，89（艾草绿色）…10g，67（茶色）…5g

钩针　7/0号钩针

成品尺寸　直径35cm

● 钩织方法

1　绕线作环形起针，分别钩织柠檬黄色和黄绿色主体各1片。

2　钩织边缘。将前后片正面朝外对齐叠合，在正面（柠檬黄色）内侧和边缘钩织的第1圈用短针连接缝合（参照p.4）。接着钩织第2圈。

3　分别按照指定的配色和片数钩织大·小花朵和叶子。

4　参照大·小花朵和叶子的组合方法摆放花朵和叶子，缝在坐垫表面上。

主体的加针数

圈数	针数	加针数
13	126针	
12	126针	加21针
11	105针	
10	105针	加21针
9	84针	
8	84针	加21针
7	63针	
6	63针	加14针
5	49针	
4	49针	加21针
3	28针	加7针
2	21针	加14针
1	7针	

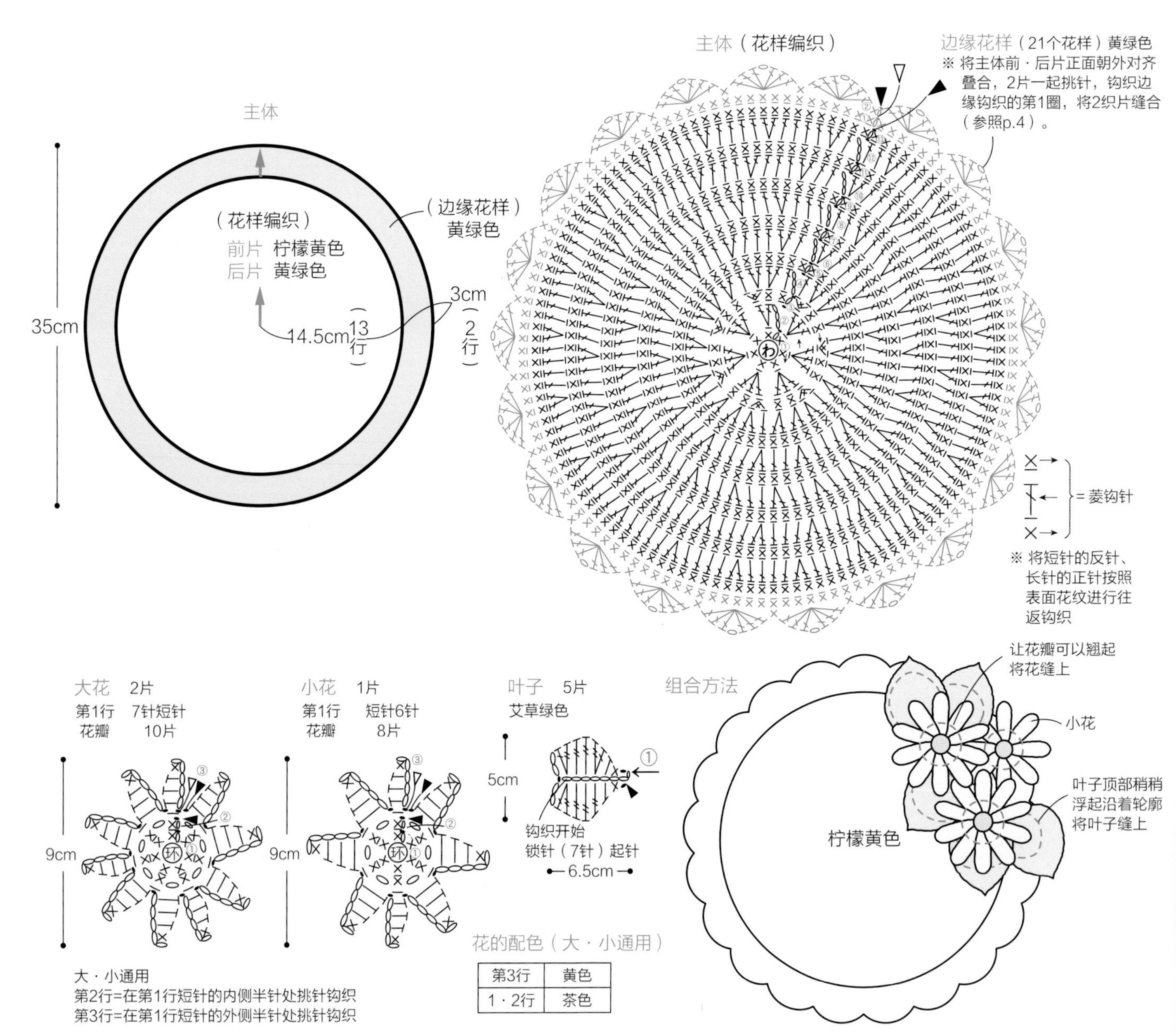

花的配色（大·小通用）

第3行	黄色
1·2行	茶色

※上接p.55 老鹰图案的方形坐垫

主体 前·后片
（短针条纹针的织入花样）

	前片	后片
□ =	茶色	浅驼色
■ =	浅驼色	茶色

X（短针的条纹针）

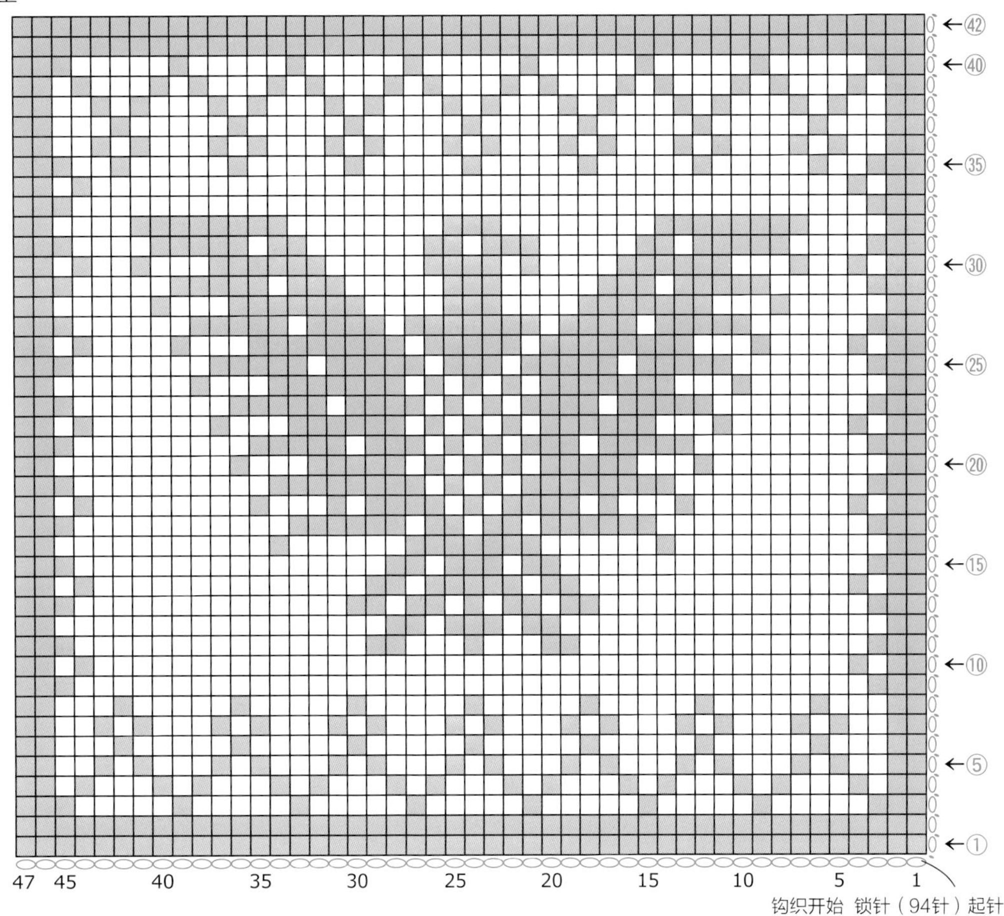

point lesson 重点课程

三色堇圆形坐垫 A·B

作品展示 & 制作方法 p.20,21 & p.22,23

短针织入花样的钩织方法（将换线包织的方法）

※为了便于理解用1根线钩织进行解说。
※P12,13的太阳花圆坐垫的要领也与此相同。

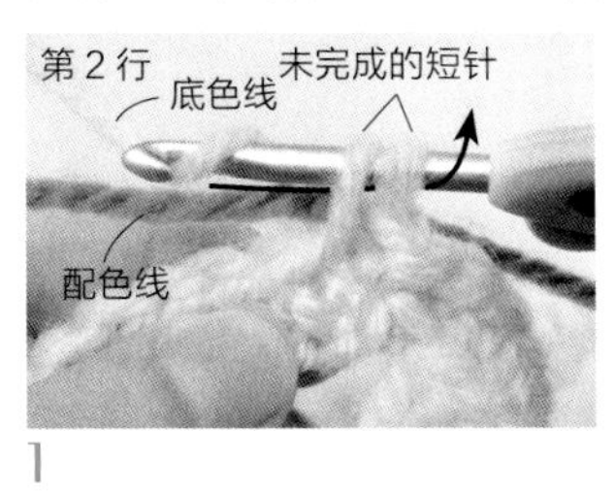

1
在第2行的钩织起点处，钩1针立起的锁针，图示为未完成的短针钩织状态（参照p.61）。将配色线加到织片中，在包裹住配色线钩织的同时，按照箭头所示方向引拔底色线。

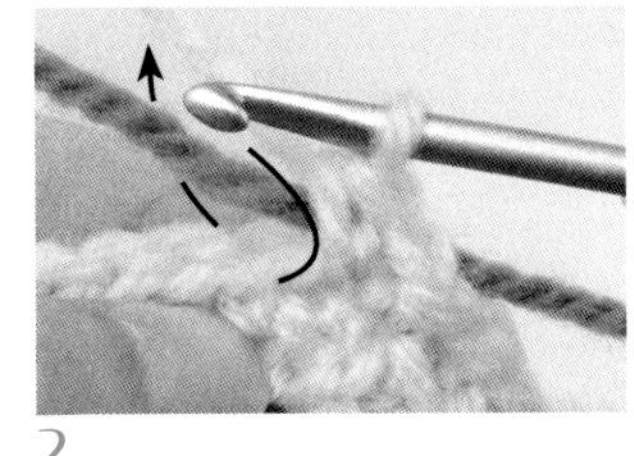

2
引拔后，短针1针完成。

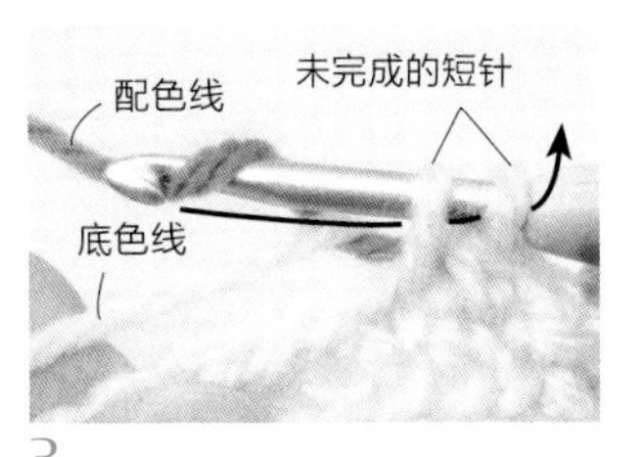

3
第2针按照2中的箭头方向所示在包织配色线时钩未完成的短针，最后引拔时将配色线按照箭头所示方向引拔。

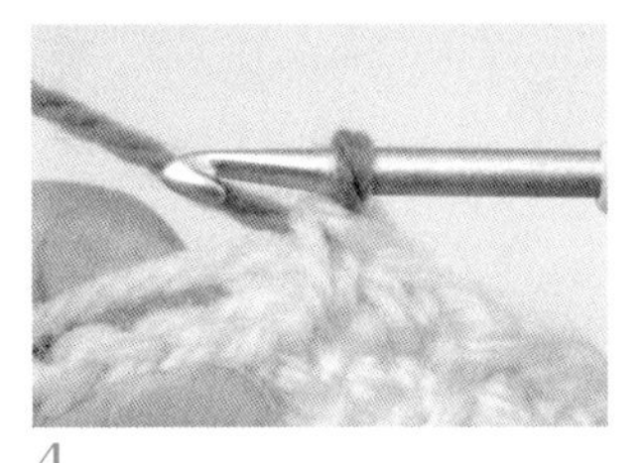

4
引拔后配色线替换完成。按照这种方法在换线所在那针最后引拔时将下一针所用线引拔。

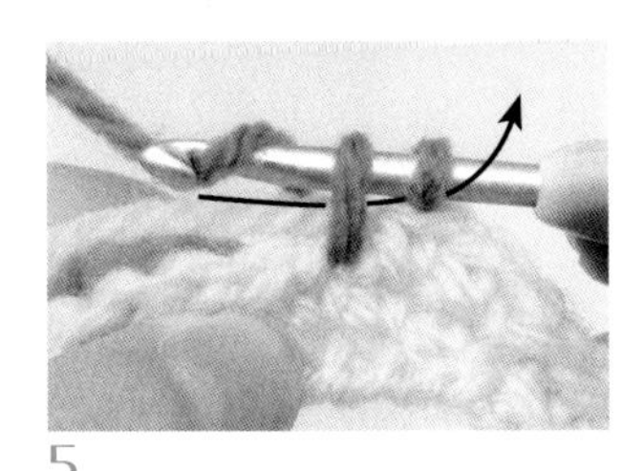

5
将底色线包裹住，用配色线钩织短针。

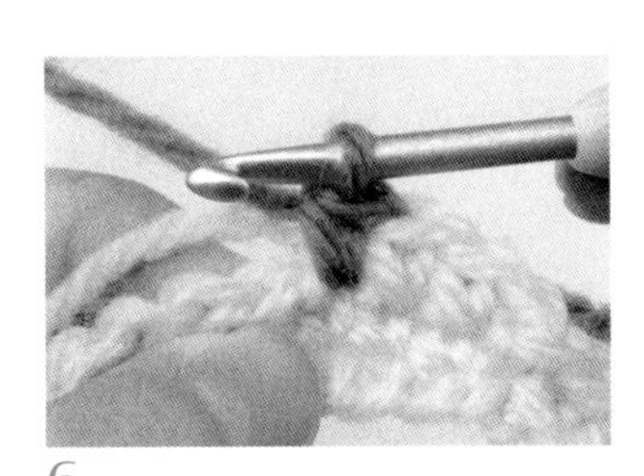

6
配色线钩织1针短针完成。

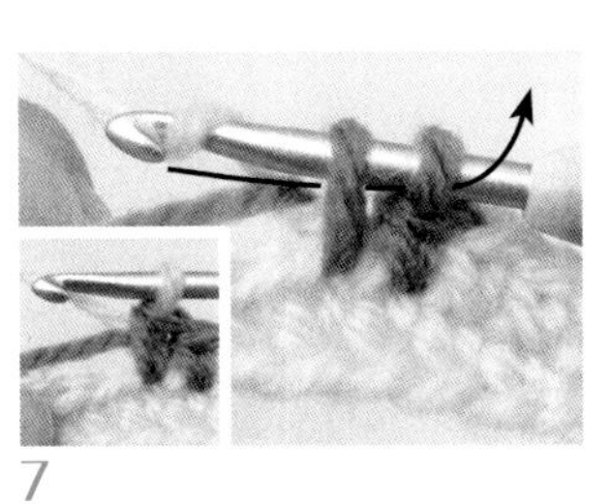

7
在第2针最后引拔的时候将底色线按照箭头所示方向引拔。左下图为引拔完成状态。

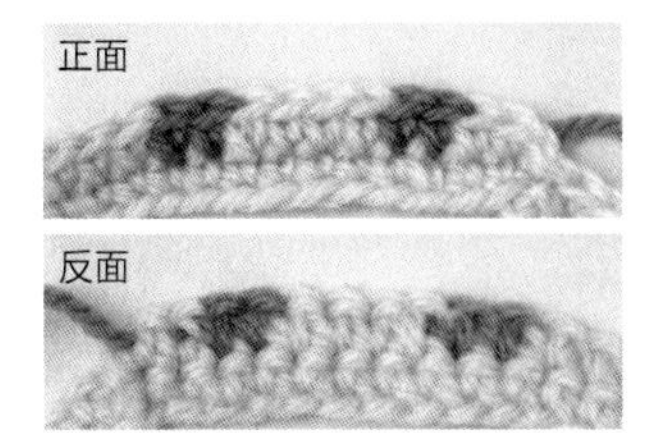

8
根据符号图钩织所需针数（正面）。无需彻底换线，用配色线包裹底线钩织完成（反面）。

钩针编织基础：

符号图的表示方法：本书的符号图均按照日本工业部（JIS）的规定，按照织块正面所呈现的状态画出；
钩针编织除引拔针之外，不存在正反针的区别；
正面和反面交替钩织时的钩织符号表示是一样的。

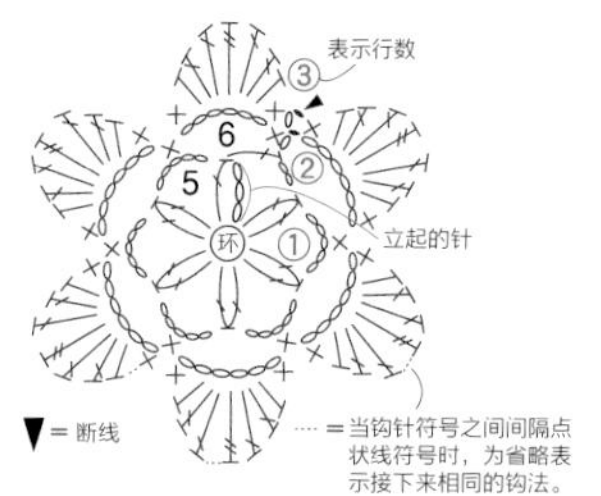

由环状中心往外钩编：

在中心作环形（或者锁针）起针，依照环状逐行钩织，每一行的起始处都是先钩立起的锁针，再接着进行钩织。一般是织片正面朝上，根据图示从右往左钩编。

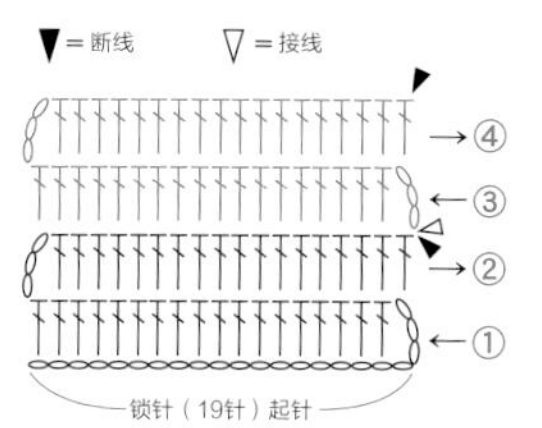

平针钩织：

左右轮流钩织立起的锁针，立起锁针记号位于右侧时，沿织片正面依照图示从右往左钩织；反之，立起锁针记号位于左侧时，沿织块反面依照图示从左往右钩编。左图表示在第3行中根据配色换线。

锁针的表示方法

锁针有正反面的区别。锁针反面通过线圈中间的一条线称为锁针的“里山”。

线和针的拿法

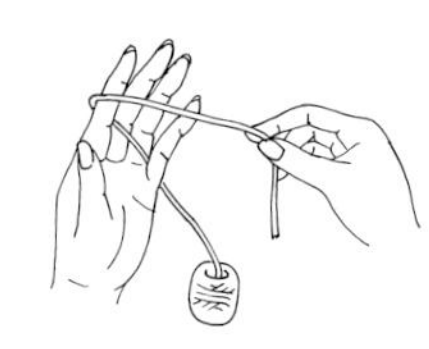

1 将线从左手小指和无名指间穿过，挂在食指上穿出。

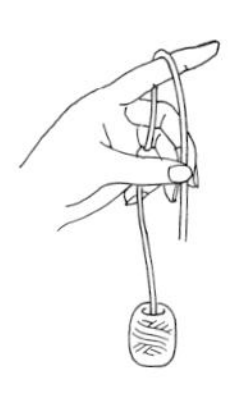

2 拇指和中指捏住线头，食指竖起将线架起。

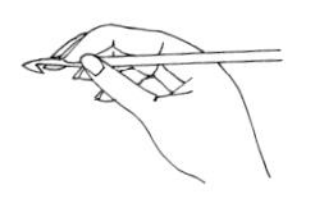

3 拇指和食指握针，中指轻轻抵住针尖。

基本针的起针方法

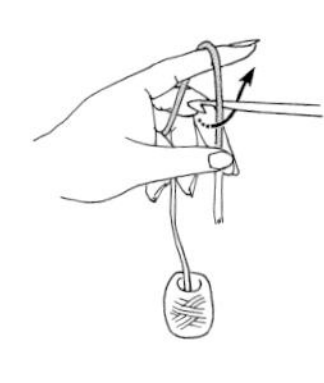

1 将钩针插入线的内侧，按照箭头所示方向转动钩针。

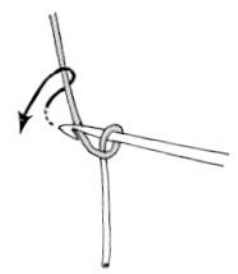

2 再将线挂在针头上。

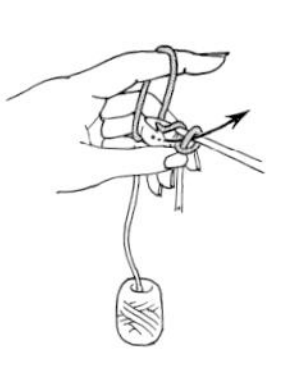

3 将线穿过线圈引出。

4 拉动线端收紧线圈，最初的基本针完成（不计入钩织的针数中）。

起针

由环状中心往外钩织
（绕线作环）

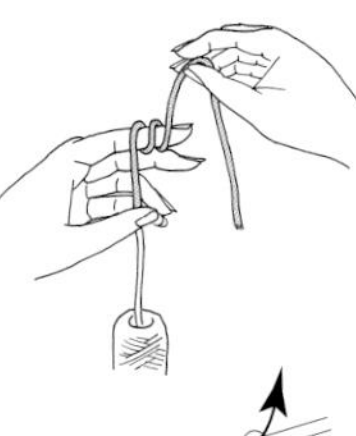

1 将线在左手食指上绕2圈作1个圆环。

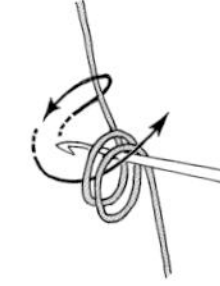

2 将环从食指上取下用手拿住，钩针插入环中挂线引出。

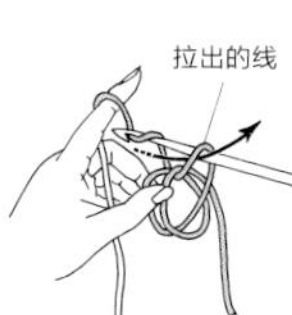

3 再一次挂线引出，钩立起的锁针。

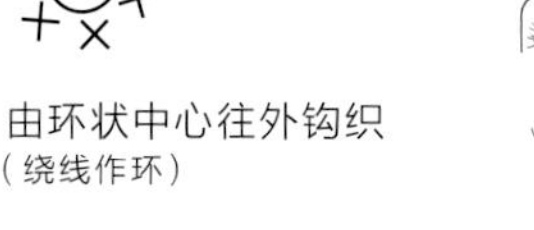

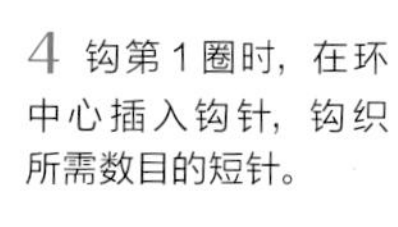

4 钩第1圈时，在环中心插入钩针，钩织所需数目的短针。

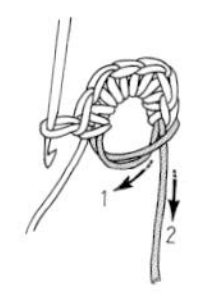

5 暂时将针抽出，拉动最初缠绕圆环的线1和线端2，将环拉紧。

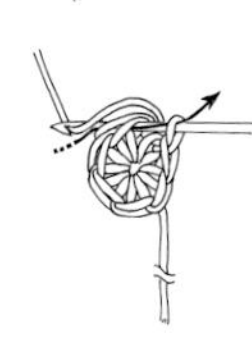

6 钩织1圈完成后，在最初的基本短针的头针处入针，挂线引出。

由环状中心往外钩织时
（锁针作环）

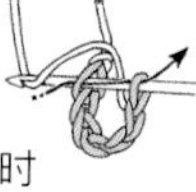

1 钩织所需数目的锁针，在最开始的锁针半针处入针挂线引出。

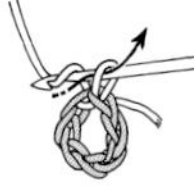

2 针尖挂线引出，立起的锁针钩织完成。

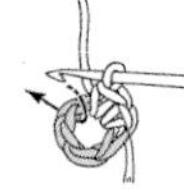

3 钩织第1圈时，钩针插入环中，将锁针成束挑起，钩织所需数目的短针。

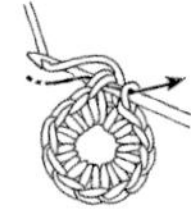

4 第1圈钩织结束时，在最开始的短针的头针处入针，挂线引出。

平针钩织时

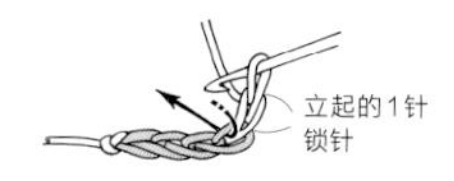

1 钩织所需数目的锁针和立起的锁针，在线端起的第2个锁针中入针，挂线引出。

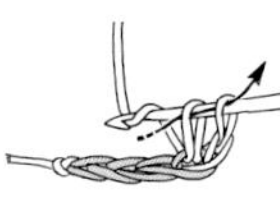

2 针尖挂线，按照图中箭头所示方向挂线引出。

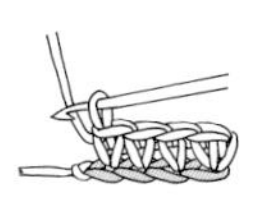

3 第1行钩织完成（立起的锁针1针不计入针数中）。

在上行针圈挑针的方法

根据符号图的不同，即使同一种枣形针的挑针方法也不同。符号图下方是闭合状态时，则要织入上一行的1针里，符号图下方是打开状态时，需将上一行的针成束挑起后再钩织。

织入1针里

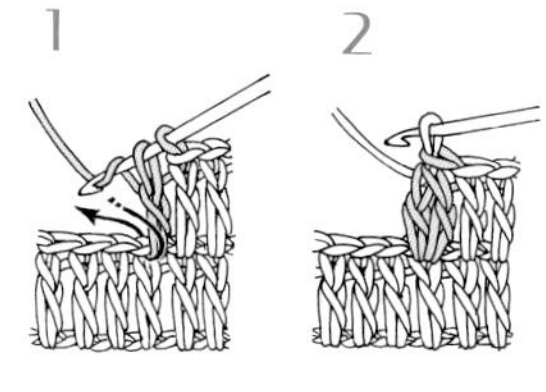

将锁针成束挑起后钩织

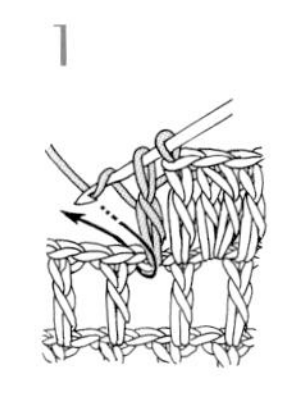

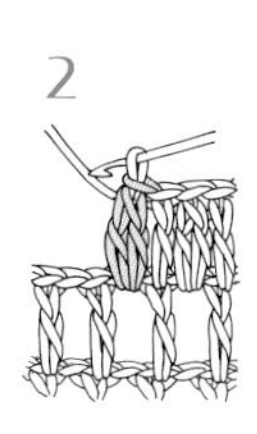

钩织符号

锁针

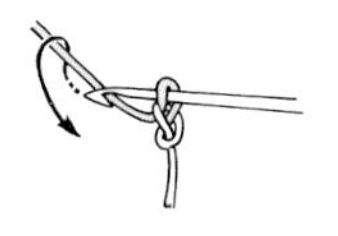

1 起针「针头挂线」。

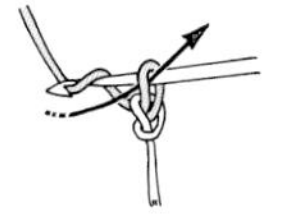

2 将挂在针头的线引出，锁针完成。

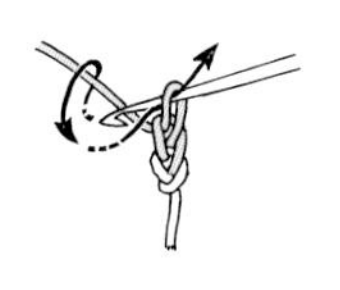

3 重复步骤 1~2 继续钩织。

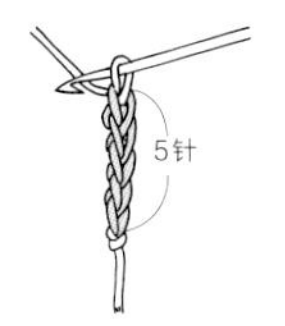

4 5针锁针完成。

引拔针

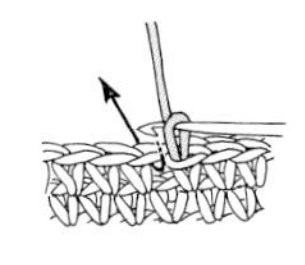

1 在上1行的针圈中入针。

2 针尖挂线。

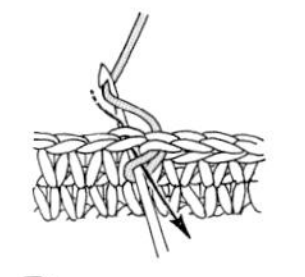

3 将线一次性引拔。

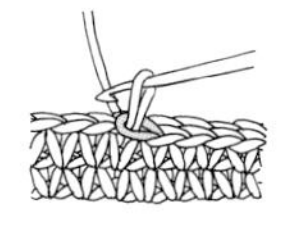

4 1针引拔针完成。

短针

1 在上1行的针圈中入针。

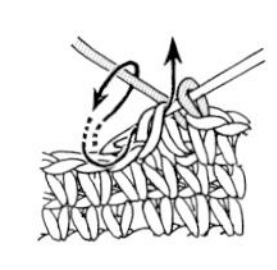

2 针上挂线引拔穿过线圈（此时的状态称为「未完成的短针」）。

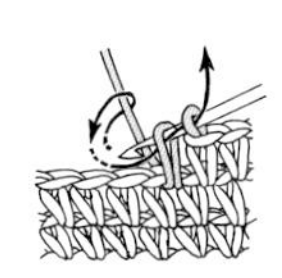

3 再一次针上挂线，2个线圈一起引拔。

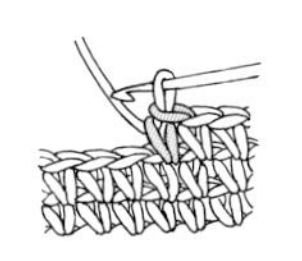

4 短针1针完成。

中长针

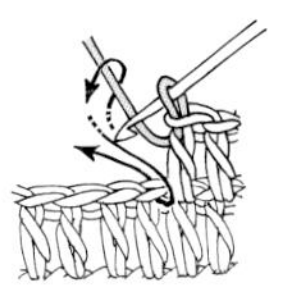

1 针上挂线，在上1行的针圈中入针。

2 针上挂线引出（此时的状态称为「未完成的中长针」）。

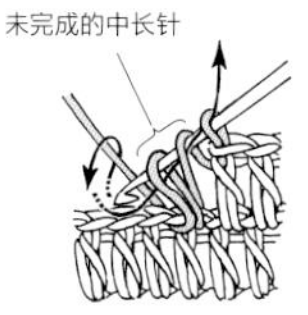

3 再一次针上挂线，一次性引拔3个线圈。

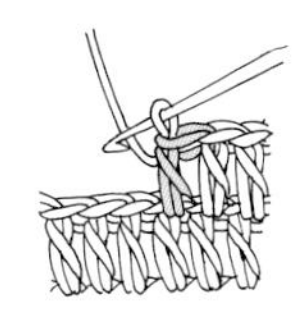

4 中长针1针完成。

长针

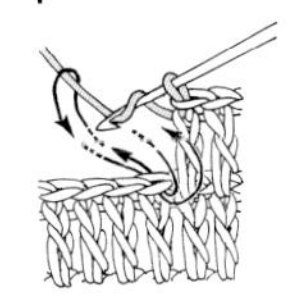

1 针上挂线，在上1行的针圈中入针，接着挂线引出。

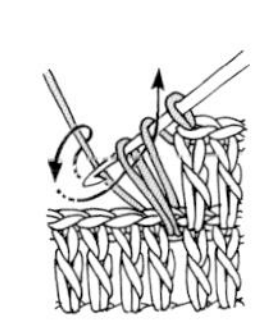

2 针上挂线依照箭头所示方向引拔穿过2个线圈（此时引拔的状态称为「未完成的长针」）。

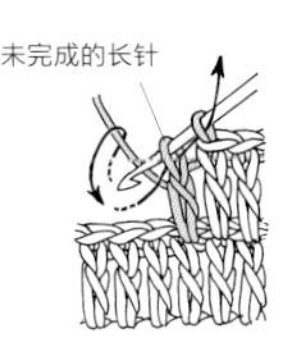

3 再一次针上挂线，按照箭头所示方向将剩下的2个线圈一次性引拔。

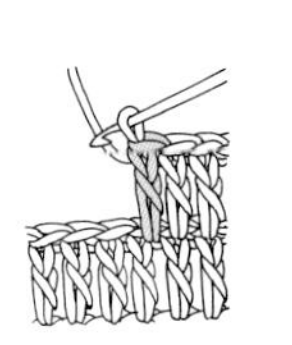

4 长针1针完成。

长长针

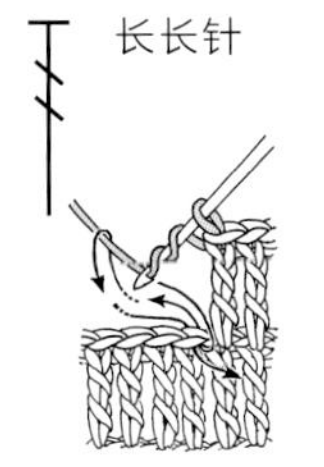

1 将线在钩针上绕2圈，在上1行的针圈中入针，针上挂线穿过线圈引出。

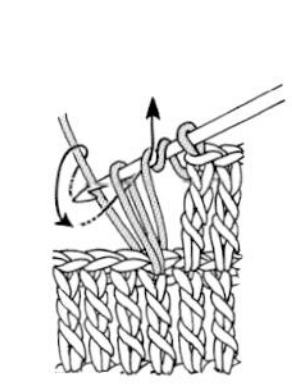

2 按照箭头所示方向引拔穿过2个线圈。

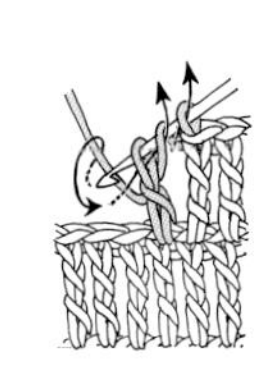

3 同样的步骤共重复2次，第1次完成的步骤称为「未完成的长长针」。

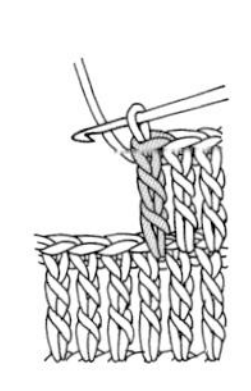

4 1针长长针完成。

短针 2 针并 1 针

1 在上一行的针圈中入针，挂线引出。

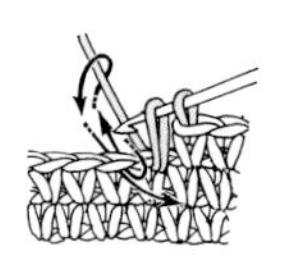

2 下一针按同样的方法入针，挂线引出。

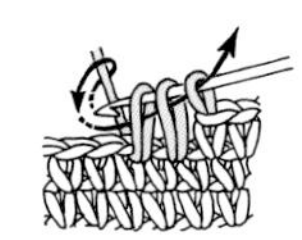

3 针上挂线，将挂在钩针上的 3 个线圈一起引拔。

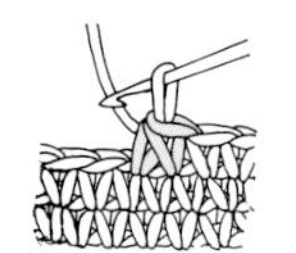

4 短针 2 针并 1 针完成，比上一行针数少 1 针。

短针 1 针分 2 针

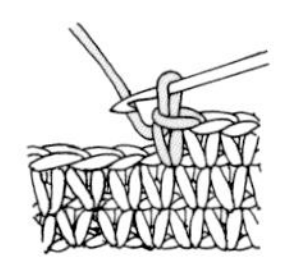

1 钩 1 针短针。

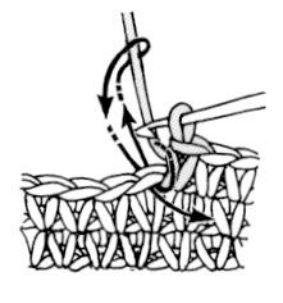

2 在同一针圈再次入针，挂线引出。

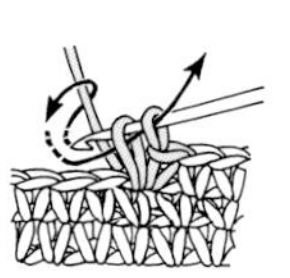

3 针上挂线，按照图中箭头所示方向一起引拔。

4 短针 1 针分 2 针完成，比上一行针数多 1 针。

短针 1 针分 3 针

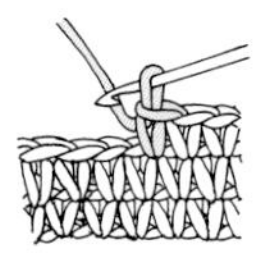

1 钩 1 针短针。

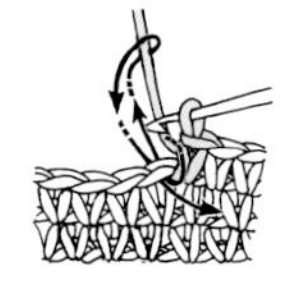

2 在同一针圈中入针，钩第 2 针短针。

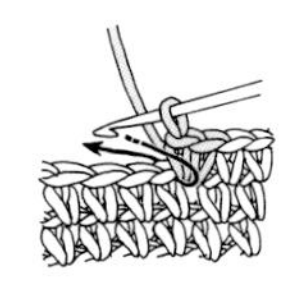

3 现在 1 针短针分成了 2 针，在同一针圈中再次钩织 1 针短针。

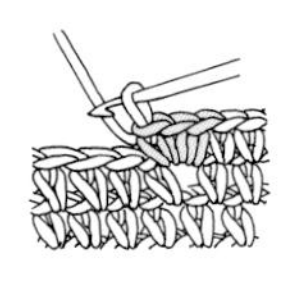

4 短针 1 针分 3 针完成，比上一行针数多 2 针。

锁 3 针的狗牙拉针

1 钩 3 针锁针。

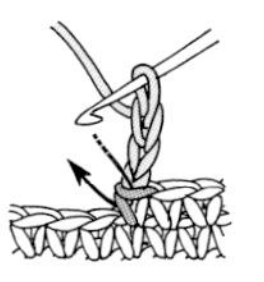

2 在短针端针的半针和尾针的 1 根线中入针。

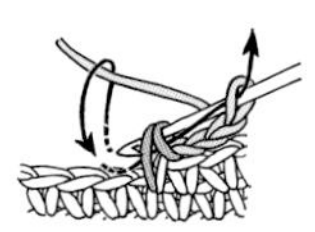

3 针上挂线，按照箭头方向所示一起引拔。

4 锁 3 针的狗牙拉针完成。

长针 2 针并 1 针

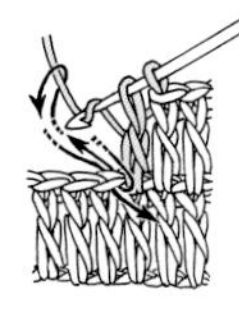

1 在上一行中钩织 1 针未完成的长针（参照 p.61），下一针按箭头所示方向挂线入针再引出。

2 针上挂线，2 个线圈一起引拔，钩第 2 针未完成的长针。

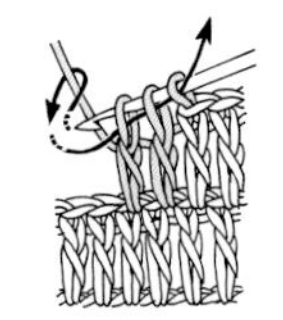

3 针上挂线，按照箭头所示方向一次一起引拔穿过 3 个线圈。

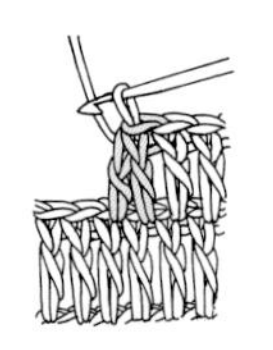

4 长针 2 针并 1 针完成，比上一行针数少 1 针。

长针 1 针分 2 针

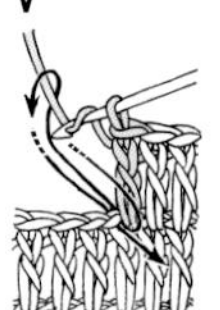

1 钩 1 针长针，针上挂线后在同一针针圈处入针，再次挂线引出。

2 针上挂线，将两个线圈一起引拔。

3 再次挂线，将剩余的 2 个线圈一起引拔。

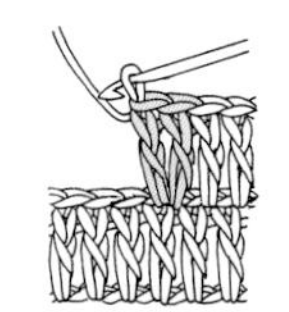

4 长针 1 针分 2 针完成，比上一行针数多 1 针。

短针的菱钩针

※ 钩织短针的菱钩针前将织片翻转

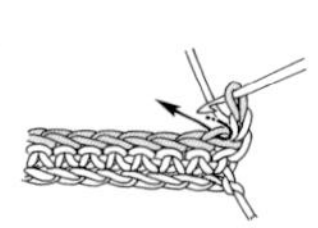

1 按照箭头所示方向在上一行针外侧的半针处入针。

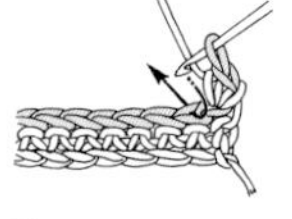

2 钩 1 针短针，下一针也同样在外侧半针处加针。

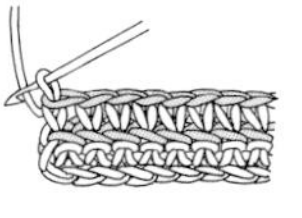

3 继续钩短针到行尾，将织片调换方向。

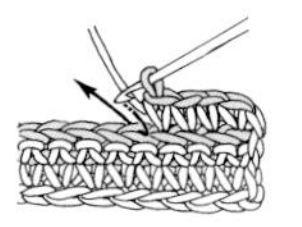

4 与步骤 1、2 方法相同，在外侧半针处入针，继续钩短针。

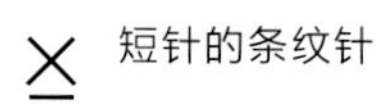

短针的条纹针

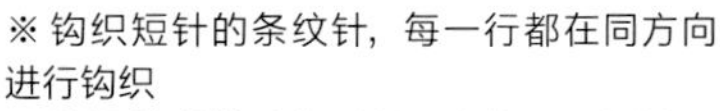

※ 钩织短针的条纹针，每一行都在同方向进行钩织

※ 除短针以外的条纹针，均按照同样的要领挑上一行外侧的半针，钩织指定的符号

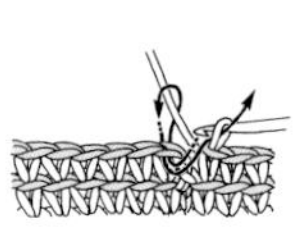

1 无需翻转沿正面钩织。按照图示方向转动后钩织短针，从最初的针中挂线引出。

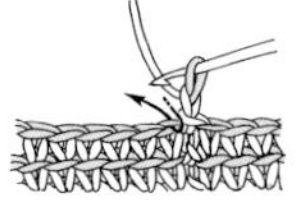

2 钩 1 针立起的锁针，挑上一行针外侧的半针，钩织短针。

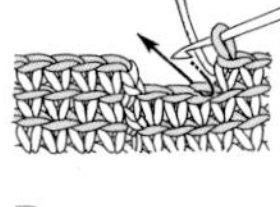

3 重复步骤 2 的要领继续钩织短针。

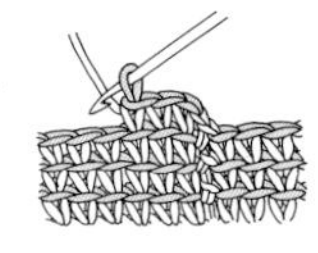

4 上一行外侧的半针处就会形成条纹状的效果。短针的 3 行条纹针完成。

长针 3 针的枣形针

长针 2 针的枣形针

※( ) 内是长针 2 针的枣形针的钩法

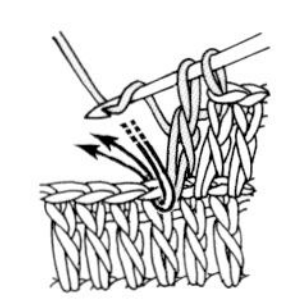

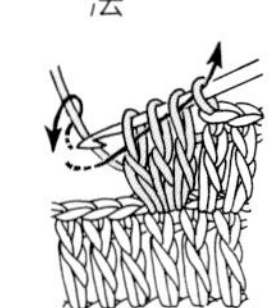

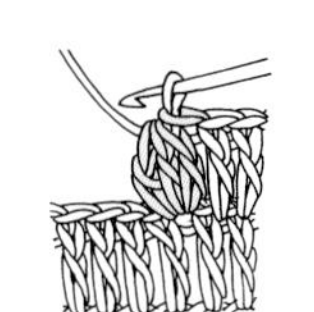

1 在上一行的针圈中钩织 1 针未完成的长针（参照 p.61）。

2 在同一个针圈里入针，继续钩织 2 针（1 针）未完成的长针。

3 针上挂线，将钩针上的 4 个（3 个）线圈一起引拔。

4 长针 3 针的枣形针完成。

中长针 3 针的变化枣形针

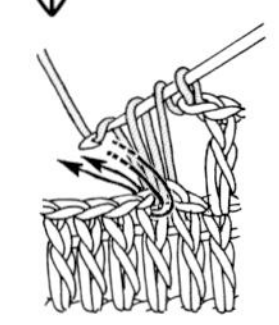

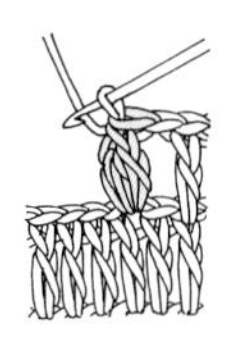

1 在上一行的针圈中入针，钩 3 针未完成的中长针（参照 p.61）。

2 针上挂线，按照箭头所示方向先一次性引拔 6 个线圈。

3 针上挂线，接着引拔剩下的 2 个线圈。

4 中长针 3 针的变化枣形针完成。

长针 5 针的爆米花针

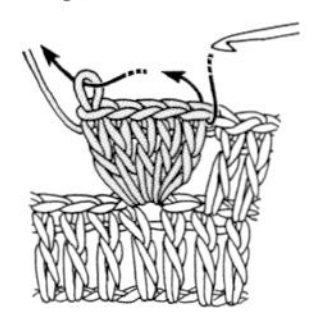

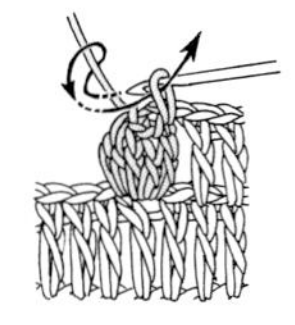

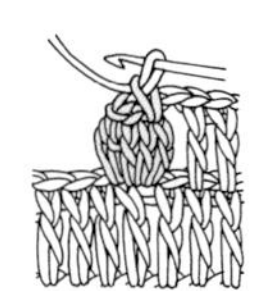

1 在上一行的同一针圈中钩 5 针长针，完成后暂时将钩针抽出，然后按照箭头所示方向重新入针。

2 按照箭头所示方向将针头的针圈引拔。

3 接着钩 1 针锁针并收紧。

4 长针 5 针的爆米花针完成。

内钩长针

※ 长针以外的内钩针均按照相同方法按照步骤 1 中箭头所示方向入针，钩织指定符号。

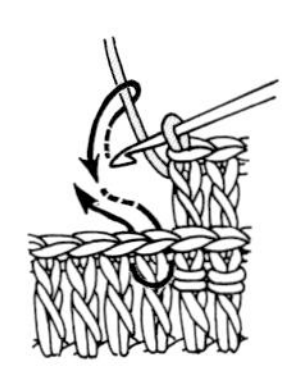

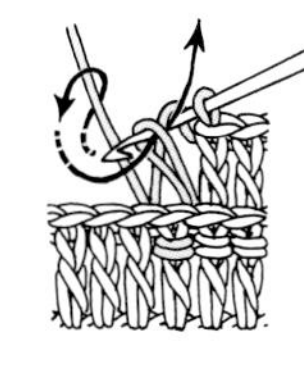

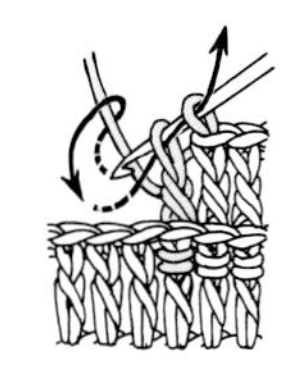

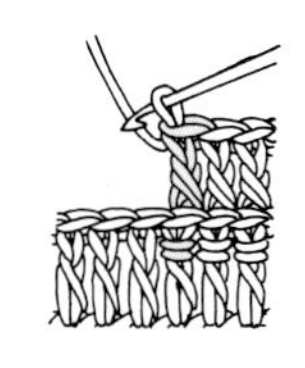

1 针上挂线，按照箭头所示方向从上一行长针的根部反面入针。

2 针上挂线，按照箭头所示方向从织片的另一侧引出。

3 将线稍拉长些，再一次针上挂线，引拔穿过 2 个线圈，相同的步骤之后再重复 1 次。

4 1 针内钩长针完成。

外钩长针

※ 长针以外的其他外钩针均按照相同方法按照步骤 1 中箭头所示方向入针，钩织指定符号。

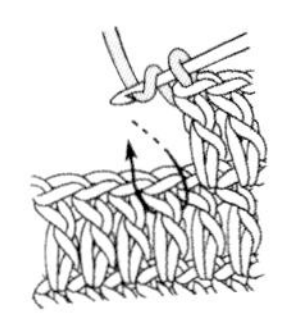

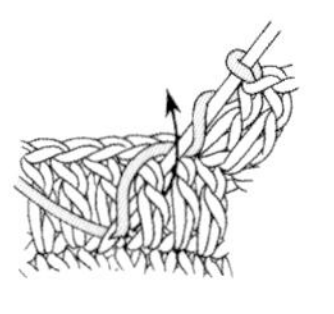

1 针上挂线，按照箭头所示方向从上一行长针的根部正面入针。

2 针上挂线，引出的线稍拉长些。

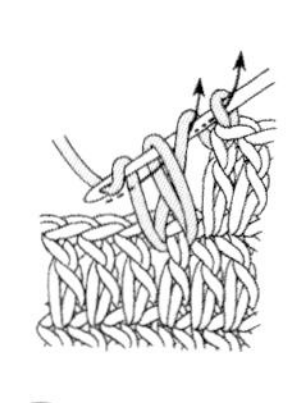

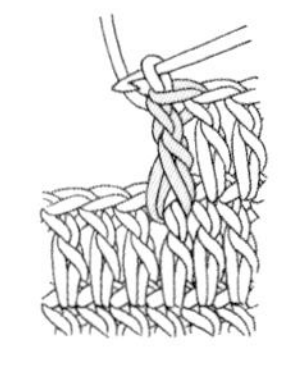

3 钩针再一次挂线，引拔 2 个线圈，相同的步骤之后再重复 1 次。

4 外钩长针 1 针完成。

刺绣基础

绕线 2 圈的法式结

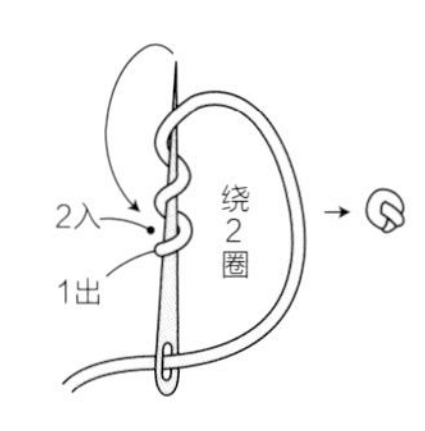

其他基础索引

挑针缝合

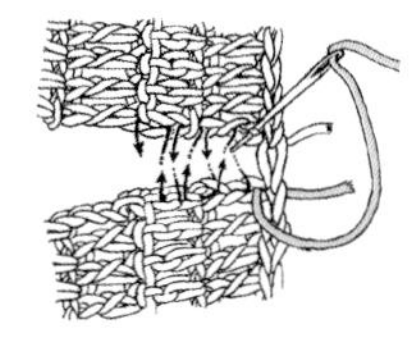

1 两块织片正面对齐合拢，在起针行的端针针圈中入针。在织片边缘的针圈中按照箭头所示入针，再交错挑针。

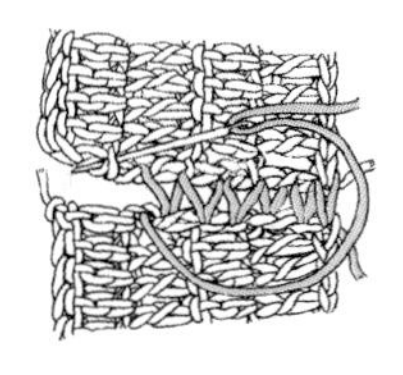

2 缝合时注意不要挑错行。

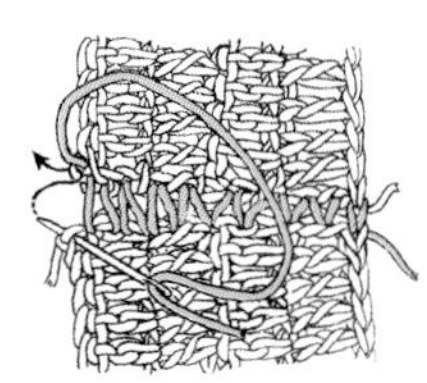

3 避免缝线外露，引线时在缝合终点再次入针两次加固。

图书在版编目（CIP）数据

钩编日系花朵坐垫 / 日本E&G创意编著；方菁译. --北京：中国纺织出版社，2016.5

（生活美家手工系列）

ISBN 978-7-5180-2357-8

Ⅰ.钩…　Ⅱ.①日…　②方…　Ⅲ.①钩针—编织—图集
Ⅳ.①TS935.521-64

中国版本图书馆CIP数据核字（2016）第030439号

原文书名：毛糸のほっこり　あったかざぶとん

原作者名：E&G CREATES

著作权合同登记号：图字：01-2015-4789

策划编辑：刘茸　　　　责任印制：储志伟

封面设计：水长流文化　版式设计：观止工作室

中国纺织出版社出版发行

地址：北京市朝阳区百子湾东里A407号楼　邮政编码：100124

销售电话：010—67004422　传真：010—87155801

http: //www.c-textilep. com

E-mail: faxing@c-textilep. com

中国纺织出版社天猫旗舰店

官方微博http://weibo.com/2119887771

北京华联印刷有限公司印刷　各地新华书店经销

2016年5月第1版第1次印刷

开本：889×1194　1/16　印张：4

字数：48千字　定价：34.80元

凡购本书，如有缺页、倒页、脱页，由本社图书营销中心调换